ARRANGEMENT OF 南方篇
ARCHITECTURE PLANT SOUTH
建筑植物配置

深圳市海阅通文化传播有限公司　主编

中国建筑工业出版社

PREFACE 前言

随着社会和经济的发展，广大人民群众物质生活和精神文化生活水平的提高，设计师或者说是想要创造更美好、更舒适居住环境的先驱们，已经不仅仅关注建筑自身的美观，同时也希望借助其他外在的元素对建筑进行装饰，其中植物景观的设计和营造，就是丰富建筑本身，弥补建筑在某些方面的缺憾和不足以及美化环境的良好手段之一。

植物造景，简单来说，其实就是使用各种植物通过一定的设计方法营造出一个美丽的场景。在植物造景这个动态的过程中，植物扮演的角色是"材料"，它们如同盖房子时的砖石，是营造美好环境和场景的基础和根本。植物的种类繁多，散布在地球上的各个角落，每一秒钟都有濒危植物面临灭绝，也有更多的新种类被人类发现，这说明植物的种类是庞大的，并且是时刻保持变化的。不同植物既有联系又有区别，世界上没有两片完全一样的叶子。

认知植物，熟悉它们的生长环境、外形特征、各项属性是植物造景设计的基础。在植物运用中，其生态习性、形态特征和观赏重点等特点对植物景观设计提供了有力的依据和帮助，是景观设计中比较重要的部分。植物按照生态习性来分类，大概可以分为受阳光因子影响的阳性植物（喜光植物）、阴性植物（喜阴植物）、中性植物（喜光也耐阴的植物）；受水分因子影响的耐干旱植物、耐水湿植物、水生植物；受土壤因子影响的耐盐碱植物、耐酸性土壤植物、耐钙质土壤植物等；受空气因子影响的各类抗污染植物（如抗二氧化硫的植物、抗氯气的植物、抗氟化氢的植物和抗烟尘颗粒物的植物等）。植物按照形态特征来分类，可以分为乔木（大乔木、中乔木和小乔木）、灌木（大灌木、小灌木）、花卉（一二年生草本花卉、宿根花卉、多年生球根花卉）、草坪和地被植物。植物按照景观效果分类，可以分为常绿植物、半常绿植物和落叶植物。

植物作为景观设计的重要材料之一，因具有丰富的形态、可调节的高度、绚丽的色彩以及可以随着时间变化而产生不一样生长形态等多方面的原因，对整个景观设计有非常重要的作用。植物造景的作用主要有以下几个方面。

1. 丰富场景，增加不同的肌理层次。

2. 净化空气，吸收二氧化碳释放氧气，增加空气中的负氧离子，是天然的空气净化器。

3. 能够减弱噪声污染，降低粉尘污染。

4. 美化环境，提升景观美感。

建筑设计与植物造景是相辅相成的。孤立的建筑，没有背景和环境的衬托无法全面地展现它的美丽，正如有些历史悠久的传统村落需要有绵延的群山作为背景，门前有河流潺潺流过。在空气、植物、土壤和水体多方面因素的影响下，建筑才会显得更加完整，其中植物景观对建筑的影响尤为重要和明显。植物造景可以突出建筑物的特点、增加画面的整体色彩、适时遮挡不太美观的局部（如空调的外机、裸露的混凝土表面或者外观单调的建筑表皮等）。

本系列丛书收纳了中国北方、中部、南方三个地区的包括住宅、商业、市政和庭院在内的四种不同空间性质的景观项目，通过实际项目案例，分析了各种建筑风格环境下的我国景观植物设计的风格类型和特点。本系列丛书分为北方篇、中部篇和南方篇三本，按照中国地域进行划分，因为每个地区的经纬度不同，气温和水分亦有差异，本书进行了简单的分类并介绍了各地区常用的乔木、灌木、地被等园林景观植物。全书以公共空间（市政公园、商业广场等）植物景观设计、半公共空间（住宅小区）植物景观设计、私密空间（庭院）植物景观设计为板块，分析介绍当下比较成熟的景观设计案例在不同建筑风格和建筑特点环境中的各个植物设计节点的乔灌草配置特点。

CONTENTS 目录

南方常用园林植物参考用表

建筑植物配置南方篇所介绍的南方是指中国北回归线附近及以南的省区市，主要包括：广东、广西、云南等。因为这些城市在园林造景和植物配置选择方面有一定的相似性，故将其划分在一起讨论。

这一区域植物配置的主要特点是常绿树种是植物景观的主体框架，配有少量的落叶乔木，其植物景观的特色是四季常青。而且相较于北方和长江流域等地的植物配置来说，这个区域的植物选择种类更加丰富，且多以热带风情为特色，棕榈科植物的广泛运用也是这一区域的特点之一。我国南方地区四季温暖，常年气候比较温和，降雨量较我国其他地区丰富，土壤也多以含水量较多的黏质土壤为主，所以考虑到气候、温度、土壤等多方面原因和要素，我国南方园林进行植物配置时要多选择当地的本土树种和乡土树种，适当地使用具有防尘、较耐水湿和具有较高美化环境的植物。

【常绿乔木】

樟树		科名	樟科
		属名	樟属
		植物习性	喜光、喜温暖、稍耐阴，不太耐寒，较耐水湿，不耐干旱、瘠薄和盐碱土。
		配置手法	较常用作行道树，树形优美的可孤植于草坪，可配植于水边、池边，也可在草地中丛植、群植、孤植或作为背景树。
白千层		科名	桃金娘科
		属名	白千层属
		植物习性	阴性树种，喜温暖潮湿环境，耐干旱、高温，耐瘠薄。
		配置手法	可作屏障树或行道树，也可栽植于公园。
垂枝红千层		科名	桃金娘科
		属名	红千层属
		植物习性	中性树种，日照充足时生长更茂盛，耐热、耐旱、耐阴，大树不易移植。
		配置手法	可用作行道树栽植于路旁，也可作为观赏树栽植于小区和公园内。搭配点灌木效果更佳。
蒲桃		科名	桃金娘科
		属名	蒲桃属
		植物习性	热带树种，喜温暖气候，耐水湿。
		配置手法	可栽植于水边，也可栽植于公园或小区内作观赏树。
秋枫		科名	大戟科
		属名	秋枫属
		植物习性	喜阳、喜温暖气候，稍耐阴，较耐水湿。
		配置手法	适宜庭院树和行道树种植，也可以在草坪、湖畔等地栽植，景观效果较好。

		科名	桑科
小叶榕		属名	榕属
		植物习性	喜光，喜温暖多雨的气候，耐水湿，稍耐阴。
		配置手法	可用作行道树、园景树、绿篱树，也可修剪造型后用于公园和风景区内，可作盆景材料。
羊蹄甲		科名	豆科
		属名	羊蹄甲属
		植物习性	喜阳光，喜温暖潮湿的环境，不耐寒。
		配置手法	可用作行道树，也可栽植于公园和景区。
菠萝蜜		科名	桑科
		属名	菠萝蜜属
		植物习性	喜光，喜高温多雨的气候，忌积水。
		配置手法	可作为庭荫树和行道树。
人面子		科名	槭树科
		属名	人面子属
		植物习性	喜阳光充足、高温多湿环境，对土壤要求不严格。
		配置手法	可用作行道树，也可栽植于庭院作庭荫树。
麻楝		科名	楝科
		属名	麻楝属
		植物习性	喜光，幼树耐阴，耐寒性差，喜湿润肥沃土壤。
		配置手法	可栽植于公园、小区及风景区。
木麻黄		科名	木麻黄科
		属名	木麻黄属
		植物习性	强阳性树种，喜阳光充足、喜炎热气候，耐干旱、贫瘠，耐潮湿，不耐寒。
		配置手法	姿态优美，可栽植于庭院作为庭院绿化树种，也可作为行道树或绿篱。
广玉兰		科名	木兰科
		属名	木兰属
		植物习性	弱阳性树种，喜温暖湿润气候，不耐碱土，较耐寒。
		配置手法	适宜孤植、群植或丛植于路边和庭院中，可作园景树、行道树和庭荫树。

【落叶乔木】

水杉		科名	杉科
		属名	水杉属
		植物习性	喜光，喜温暖湿润气候，耐寒性强，耐水湿能力强，不耐干旱和贫瘠。
		配置手法	树形挺拔，适于列植、片植或丛植于堤岸、水边，也可用于庭院内绿化，景观效果佳。
池杉		科名	杉科
		属名	落羽杉属
		植物习性	强阳性树种，喜温暖湿润气候，极耐水淹，稍耐寒，不耐阴。
		配置手法	可作行道树，适宜栽植在水滨湿地等环境，也可在水边成片栽植、孤植或丛植于园林内均可。
落羽杉		科名	杉科
		属名	落羽杉属
		植物习性	耐低温、耐水湿、耐盐碱、耐干旱和瘠薄。
		配置手法	由于其耐水湿、耐腐力强的特性，常用来作固堤护岸的树种，也可孤植、片植和丛植于庭院内作观赏树。
鹅掌楸		科名	木兰科
		属名	鹅掌楸属
		植物习性	喜光，喜温暖湿润气候，耐半阴，较耐寒，喜深厚肥沃土壤。
		配置手法	秋季叶色金黄，且叶形美丽，花大美丽，可作行道树或栽植于庭院作观赏树。
梧桐		科名	梧桐科
		属名	梧桐属
		植物习性	喜光，喜温暖湿润气候，喜湿润肥沃土壤，不宜修剪，寿命较长。
		配置手法	可作行道树栽植，也可栽植于房前屋后，或片植、列植于风景区和道路旁。
南洋楹		科名	豆科
		属名	合欢属
		植物习性	阳性树种，喜温暖湿热的气候，不耐阴。
		配置手法	可作为行道树或庭院树栽植。

		科名	金缕梅科
枫香		属名	枫香树属
		植物习性	喜光，喜温暖湿润气候，耐干旱和瘠薄，不耐水涝不耐寒，抗风力强。
		配置手法	可孤植、丛植于草坪、山坡。可与常绿树种配置，秋季红绿相间，景观效果佳，不宜作行道树。
垂柳		科名	杨柳科
		属名	柳属
		植物习性	喜光，喜温暖湿润气候，耐水湿，较耐寒。
		配置手法	可作行道树，可与碧桃相间配植于湖边、池畔，营造桃红柳绿的景观意境。
朴树		科名	榆科
		属名	朴属
		植物习性	喜光，喜温暖湿润气候，耐干旱，耐水湿和瘠薄。
		配置手法	可用作行道树，可孤植于草坪或空旷地，列植于道路两旁亦可。
无患子		科名	无患子科
		属名	无患子属
		植物习性	喜光，稍耐阴，耐干旱，不耐水湿和修剪。
		配置手法	可栽植于庭院作观赏树，与常绿树种配植于庭院内，秋季叶色相映，景观效果佳。
黄连木		科名	漆树科
		属名	黄连木属
		植物习性	喜光，耐干旱和瘠薄。
		配置手法	早春嫩叶红色，秋叶色泽橙黄或红色，叶色艳丽，搭配常绿树种栽植于庭院、公园和小区内，也可与枫香、鸡爪槭等树种混合配置营造大片秋色红叶林景观，景观效果极佳，也可作行道树。
乌桕		科名	大戟科
		属名	乌桕树
		植物习性	喜光，喜温暖气候，不耐阴，不太耐寒，耐水湿，耐短期积水，较耐干旱。
		配置手法	典型的秋色叶树种，配植于亭廊、山石之间景观效果好。也可孤植、丛植于草坪和湖畔、池边。也可作为行道树、庭荫树栽植于道路、广场和公园内。
凤凰木		科名	豆科
		属名	凤凰木属
		植物习性	喜高温，喜阳光充足，不耐寒，较耐干旱，耐瘠薄。
		配置手法	树冠葱郁，是很好的庭荫树，花红叶绿，孤植或列植于道路、庭院和公园内景观效果极佳。

【花灌木】

木槿		科名	锦葵科
		属名	木槿属
		植物习性	喜光，喜温暖湿润的气候，较耐寒，稍耐阴，好水湿，耐干旱，耐修剪。
		配置手法	可孤植、丛植于公园、草坪等地，也可作花篱式绿篱进行栽植。一些城市也会在车行道两旁成片栽植，开花时，风景甚美。
扶桑		科名	锦葵科
		属名	木槿属
		植物习性	强阳性，喜光，喜温暖湿润的气候，适宜阳光充足且通风的环境，耐湿，稍耐阴，不耐寒。
		配置手法	花大且艳丽，观赏价值高，朝开夕落，可栽植于湖畔、池边、凉亭前。
一品红		科名	大戟科
		属名	大戟属
		植物习性	落叶灌木，短日照植物，喜光，喜温暖湿润的气候，不耐寒，不耐干旱，不耐水湿。
		配置手法	顶叶颜色火红艳丽且叶片大，开花期间恰逢节日，有浓厚的喜庆氛围。可栽植在花钵内或花坛中，装饰效果好，现较多作为盆栽，节假日期间作为点缀元素进行摆花展示。
三角梅		科名	紫茉莉科
		属名	叶子花属
		植物习性	常绿攀缘状灌木，喜光，喜温暖湿润的气候，不耐寒。
		配置手法	颜色亮丽，苞片大，花期长，是庭院绿化设计的优良材料。可栽植于院内，由于其攀缘特性，垂挂于红砖墙头，别有一番风味。可用作盆景、绿篱和特定造型，也可借助花架、拱门或者高墙供其攀缘，营造立体造型。
黄蝉		科名	夹竹桃科
		属名	黄蝉属
		植物习性	常绿灌木，喜光，喜高温湿润的气候。
		配置手法	叶色碧绿，花色金黄，可群植于公园、绿地、山坡、池畔等地，也可作花篱栽植。黄蝉植株乳汁有毒，不可栽植于儿童活动空间或儿童方便到达的空间。
龙船花		科名	茜草科
		属名	龙船花属
		植物习性	常绿灌木，喜光，喜温暖湿润的气候，较耐旱，稍耐半阴，不耐寒和水湿。
		配置手法	花色丰富，花叶秀美具有较高的观赏价值，常高低错落栽植于庭院、风景区、住宅小区内。

【藤本植物】

爬山虎		科名	葡萄科
		属名	爬山虎属
		植物习性	吸附类藤本植物，落叶，木质，喜阴湿的气候和环境，耐寒，对环境的适应性较强。
		配置手法	新叶时叶片嫩绿，秋季变为鲜红色，色彩夺目，可用来作为垂直绿化植物装饰墙面和棚架，也可作为地被植物运用。
炮仗花		科名	紫葳科
		属名	炮仗花属
		植物习性	卷须类藤本植物，常绿，木质，喜温暖的气候，喜阳光充足的环境。
		配置手法	因橙色圆锥花序像一串串小炮仗而得名，花色鲜艳，花序美丽，较常使用于建筑物墙面的垂直绿化，也可栽植于公园的景观亭、廊架上，早春花满枝头，妖媚动人。
珊瑚藤		科名	蓼科
		属名	珊瑚藤属
		植物习性	攀缘类藤本植物，喜阳光充足的环境。
		配置手法	攀缘性较强，枝蔓长，适宜栽植于墙垣、花架和花棚等地作垂直绿化使用。花较小，花色红艳，花期较长，盛花期时开满墙头和花架，观赏价值较高。
牵牛		科名	旋花科
		属名	牵牛属
		植物习性	缠绕类一年生草本植物，喜温暖的气候，喜光，耐干旱瘠薄，不耐寒。
		配置手法	牵牛花是优良的观花藤本植物，花朵小巧可爱，花色鲜艳美丽，适宜栽植于藤架、门廊等，也可栽植于花坛、花境中。
鹰爪花		科名	番荔枝科
		属名	鹰爪花属
		植物习性	攀缘类灌木，喜高温湿润的气候，喜光，耐瘠薄，稍耐阴。
		配置手法	叶片翠绿，花形较大，花色为淡黄色，较芳香，具有攀缘性，可用于攀缘墙面、花架和花棚作垂直绿化使用，也可以与假山、山石搭配栽植。
云南黄馨		科名	木樨科
		属名	素馨属
		植物习性	常绿藤状灌木，喜光，喜温暖湿润的气候，忌积水和严寒，较耐阴和干旱。
		配置手法	可栽植于庭院内作花篱，由于其枝条下垂的特点，也可栽植于堤岸、台地等地。

【草坪及地被植物】

白鹤芋		科名	天南星科
		属名	苞叶芋属
		植物习性	多年生常绿草本植物，喜高温多湿的气候，较耐阴，不耐旱。
		配置手法	叶片碧绿，株形优美，花色洁白，肉穗花序圆柱状，形似一叶白帆，甚为美观。较耐阴，适宜栽植在庭院较荫蔽的环境，也可栽植于水边和林下。同时也是室内观花观叶植物，许多酒店大堂和大门迎宾处也较多布置白鹤芋盆栽。
吊竹梅		科名	鸭跖草科
		属名	紫万年青属
		植物习性	多年生草本植物，喜温暖湿润的气候，喜半阴，忌强光直射。
		配置手法	叶片似竹叶，故取名为吊竹梅。株形饱满，叶片形状似竹叶，颜色淡雅，浅绿中间夹杂着淡紫，是优良的观叶植物。因其喜半阴的特点，比较适宜栽植于没有阳光直射的墙角、假山附近，也可栽植于林下作为地被植物。
肾蕨		科名	肾蕨科
		属名	肾蕨属
		植物习性	多年生草本植物，喜温暖湿润较荫蔽的环境，忌阳光直射。
		配置手法	肾蕨是应用比较广泛的观赏蕨类植物。由于其叶片细腻翠绿，姿态动人，可用来点缀山石、假山。也可作为地被植物栽植于林下和花境边沿，肾蕨在插花艺术中也有不少应用。
冷水花		科名	荨麻科
		属名	冷水花属
		植物习性	多年生草本植物，喜温暖多雨的气候，忌强光暴晒，较耐水湿，不耐旱。
		配置手法	因其叶片绿白相间分明，又称为西瓜皮。其适应性较强，比较容易繁殖，园林造景中较常使用。株丛较小，叶面绿白纹路美丽，花期时盛开白色小花。适宜栽植于水边、林下。
沿阶草		科名	百合科
		属名	沿阶草属
		植物习性	多年生常绿草本植物，喜温暖湿润的气候，喜半阴。
		配置手法	沿阶草又称为麦冬，总状花序淡紫色或白色。四季常绿，通常成片栽植于林下或水边作地被植物，也可栽植用来点缀山石、假山等。
银叶菊		科名	菊科
		属名	千里光属
		植物习性	多年生草本植物，喜阳光充足的环境，较耐寒，不耐高温。
		配置手法	叶形奇特似雪花，叶片正反面均有银白色细毛，是良好的观叶植物。适宜栽植于花坛和花境中。

络石		科名	夹竹桃科
		属名	络石属
		植物习性	常绿木质藤本植物，喜光，喜较阴湿的环境，较耐旱，不耐涝，对土壤的要求不高。
		配置手法	在园林中常作地被植物栽植于林下或山石边，也可攀缘于墙面和陡坡作垂直绿化使用。
风车草		科名	莎草科
		属名	莎草属
		植物习性	多年生草本植物，喜温暖湿润的气候，喜半阴的环境，喜水湿，不耐寒。
		配置手法	茎干直立较粗壮，纤细叶片向四面展开犹如伞状，形态美丽脱俗。风车草广泛用于园林水景造景中，也可与山石搭配。
千屈菜		科名	千屈菜科
		属名	千屈菜属
		植物习性	多年生草本植物，喜强阳光，喜潮湿通风的环境，耐寒性强，在浅水中生长良好，也可栽植于陆地。
		配置手法	植株直立挺拔整齐，花色艳丽夺目，花期较长，可在水岸、池畔等地成片栽植。
红花酢浆草		科名	酢浆草科
		属名	酢浆草属
		植物习性	多年生草本植物，喜温暖湿润的气候，喜阳光充足的环境，耐干旱，较耐阴。
		配置手法	叶片基生，3片小叶，呈心形，甚为美丽，花小色红，花随日出而开，日落而闭，常成片栽植于林下作地被植物，带状栽植于草坪中，万绿丛中一条红带，景观效果佳。
彩叶草		科名	唇形科
		属名	鞘蕊花属
		植物习性	多年生草本植物，喜高温多雨的气候，喜阳光充足的环境。
		配置手法	叶片色彩丰富，是较好的观叶植物，可栽植于花坛花境中，或者点缀于山石间和绿植丛中。
美女樱		科名	马鞭草科
		属名	马鞭草属
		植物习性	多年生草本植物，喜阳光充足的环境。
		配置手法	植株较矮，花朵呈伞房状，花色丰富且色彩鲜艳，可成片栽植于花坛和花境中，也可点缀栽植于部分专类园中。
葱兰		科名	石蒜科
		属名	葱莲属
		植物习性	多年生常绿草本植物，喜温暖湿润的气候，喜阳光充足的环境，不太耐寒。
		配置手法	葱兰也称为风雨花，植株挺立，带状栽植郁郁葱葱，因其叶片四季常绿，可成片带状栽植于花坛边缘和草坪边缘，较常使用于路边小径的地面绿化，是良好的地被植物。

建筑植物配置——公共景观

南方篇

希尔顿度假酒店

设计公司：山水比德园林集团
项目地点：云南省玉溪市
项目面积：60000m²

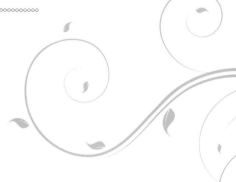

（1）建筑

建筑风格：西班牙建筑风格

建筑特点：在建筑外观色彩方面，一般采用红顶、黄墙，给人热情、阳光和活力四射的感觉；在建筑细节设计方面，有一些体现地域特点的基本元素，例如大面积的文化石外墙、马蹄窗、长廊、圆拱、弧形墙体、人工抹灰墙、红色坡屋顶，等等；在建筑材料方面，一般选用质朴的建筑用材，陶瓦、抹灰墙以及文化石外立面等可以体现出手工打造的细腻，突出建筑厚重、质朴、怀旧的特性；在建筑形态方面，西班牙式建筑一般强调整齐有韵律的层级方式排列，具尺度感规整但是不流于单调，高低错落，似音符一样，具有较强的节奏感和韵律感。

（2）景观

景观风格：简约欧式

景观特点：以简约、现代的设计手法融入欧式设计元素，保留精致、大气的同时也不推崇奢华、铺张，让空间显得更加大气。

景观植物：乔木层——桂花、塔柏、滇朴、乐昌含笑等

　　　　　灌木层——假连翘、胡椒木、红叶石楠、红花檵木、紫花鼠尾草、新西兰亚麻等

　　　　　地被层——比利时杜鹃等

酒店坐落于抚仙湖东北岸，太阳山旅游度假区。定位为国际高端休闲旅游度假酒店，拥有24小时健身中心、水疗中心、室内外泳池、自行车道、儿童游乐场和高尔夫球练习场，还有浪漫地中海式湖边户外婚礼教堂。

项目以景观先行的办法，因山就势，借水成景，根据场地条件所设计的项目的山水骨架，不仅遵循"设计结合自然"的设计法则，更是借此形成了该度假酒店的独特景观特色，形于色之余，更有"何必诗与竹，山水有清音"等独特五官感受。最终达成建筑与环境平衡共生，人得以诗意栖居，是一个真正"出则繁华·入则宁静"的山水度假胜地。

平面图

建筑元素：❶ 酒店入口特色景墙（景墙贴面材料：黄锈石、自然面；景墙字体材料：不锈钢喷蓝色漆；景墙特色轮廓花纹：黄锈石，光面）

植物配置：桂花 + 乐昌含笑 - 红叶石楠球 - 比利时杜鹃 + 栀子花 + 新西兰亚麻

植物名称：桂花

常绿小乔木，又可分为金桂、银桂、月桂、丹桂等品种。桂花是极佳的庭院绿化树种和行道树种，秋季桂花开放，花香浓郁。

植物名称：比利时杜鹃

也叫西洋杜鹃，常绿灌木，分枝较多，叶色深绿，花色娇艳且色彩丰富，常见的颜色有红色、粉色、白色等多种，是良好的盆栽花卉和花坛、花境装饰花卉。

植物名称：栀子花

常绿灌木，喜光，喜温暖湿润的气候，适宜阳光充足且通风良好的环境。花色纯白，花香宜人，是良好的庭院装饰材料，可以丛植于墙角，或修剪为高低一致的灌木带与红花檵木、石楠等植物一同配植于公园、景区、道路绿化区域等地。

植物名称：红叶石楠球

常绿小乔木，红叶石楠春季时新长出来的嫩叶红艳，到夏季时转为绿色，因其具有耐修剪的特性，通常做成各种造型运用到园林绿化中。

植物名称：乐昌含笑

树形高大优美，枝叶翠绿浓密，花白色，大而芳香，常用于作庭荫树及行道树。

植物名称：蓝花鼠尾草

唇形科多年生芳香草本植物，原产于地中海，植株灌木状，高约 60cm，因品种不同，可生于山间坡地、路旁、草丛、水边及林荫下。

建筑元素：❷ 特色景观构架（材料：钢构架，包铁皮后喷白漆）

植物配置：塔柏 + 滇朴 + 桂花 - 红花檵木球 + 紫花鼠尾草

点评：地中海式湖边户外婚礼教堂，浪漫又温馨，是在酒店办婚礼的新人们的倾心之所。依旧以塔柏、滇朴和桂花等乔木作为主体背景，与酒店景观保持一致，并栽植大片的紫花鼠尾草，营造紫色花海之势，让户外教堂融入一片花香之中。

▲ 建筑元素：❶ 特色景观灯（材料：黄锈石，自然面）

植物配置：桂花 + 滇朴 + 塔柏 - 假连翘球

点评：水景与远处的抚仙湖相接，水光潋滟，画面干净、恬淡。

植物名称：假连翘
枝条柔软，叶色嫩绿，小花淡蓝清雅，花期较长，几乎全年都能开花，秋季果实金黄，是优良的观花观果植物。

植物名称：塔柏
常绿小乔木，有香气，株形美丽，可以修剪成造型列植于广场两旁，或者公园等地，是营造规则对称式景观的优良树种。

植物名称：胡椒木
常绿灌木，叶形卵形可爱，叶色亮绿清新，具有微微清香，适合于花坛、花境和花槽等处的绿化装饰，也可栽植作为地被使用。

植物名称：红花檵木
常绿小乔木或灌木，花期长，枝繁叶茂且耐修剪，常用于园林色块、色带材料。与金叶假连翘等搭配栽植，观赏价值高。

植物配置：桂花 + 滇朴 + 塔柏 - 胡椒木 + 红叶石楠球 + 假连翘 + 红花檵木球

点评：欧式园林景观讲究规整、对称，成列成行的塔柏犹如排好队形的卫兵，笔挺且颇有气势，与绿地、喷泉相映生辉。

植物配置：桂花 + 塔柏 + 滇朴 - 假连翘球

三亚海韵度假酒店

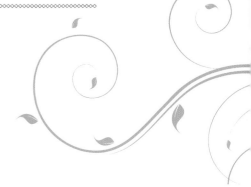

设计公司：深圳市筑奥景观建筑设计有限公司
项目地点：海南省三亚市
项目面积：70000m²

（1）建筑

建筑风格：东南亚风格

建筑特点：以自然、健康、度假、休闲为整体风格特点，从建筑框架到建筑细节都是对自然的一种模拟和尊重，并且推崇手工艺制品。在建筑色彩方面，主要以宗教色彩浓郁的深色系为主，并以鲜艳的红色和黄色作为点缀。

东南亚建筑有其自有的特点和亮点，比较具有地域特点的设计元素包括风雨桥或风雨连廊、泰式尖顶、大面积的水景、实木材料、天然石材，等等。

（2）景观

景观风格：东南亚风格

景观特点：以热带山地自然风光为依托，以东南亚文化风情为底蕴，集中而突出地展示东南亚的自然景观。园林以多层次、多角度、多视点展开，移步换景，处处都呈现出不同的景致。通过园林小品布置景墙、图腾、古朴的石雕、木雕、陶罐艺术、风情画廊，让人置身于热情而奔放的园林景观中，如在异域的文化情调中穿行。造园材料的选择主张轻松随意，以砂岩雕塑、石制小品、藤条、深色木板、竹子、块石料等营造自然舒适的氛围。软质景观上以亚热带植物棕榈科为主，穿插布置部分阔叶树种，地被多搭配阴生植物，如蜘蛛兰、海芋、艳山姜等营造热带雨林景观效果。海韵度假酒店的园林景观融合丰富的自然资源和人文资源，体现了深层文化底蕴。

景观植物：乔木层——垂叶榕、洋蒲桃、旅人蕉、小叶榕、老人葵、鸡蛋花、黄花风铃木、狗牙花、凤凰木、红刺林投、酒瓶椰子、秋枫、槟榔、马拉巴栗、昆士兰伞木、董棕、斐济棕、印度紫檀等

灌木层——蜘蛛兰、海芋、金边虎尾兰、细叶棕竹、非洲茉莉、龟甲冬青、鹅掌柴、春羽等

地被层——翠芦莉、龙船花、黄金葛等

植物配置： 老人葵 + 弯杆椰子 + 黄金葛 + 马拉巴栗 + 董棕 + 昆士兰伞木 - 海芋 + 蜘蛛兰 + 龟甲冬青 + 五指合果芋

点评： 树形高大、挺拔的老人葵，搭配叶形整齐的董棕，还有弯杆椰子，多种类的热带棕榈植物烘托出度假酒店的海岛风情。酒店大厅的落地玻璃窗下，栽植着龟甲冬青、海芋和蜘蛛兰等灌木植物，作为基础栽植的植物，更好地将建筑物和道路联系在一起，丰富了建筑物的立面，美化了周围环境，同时增加了绿化种植的层次。

①

植物名称：昆士兰伞木
常绿乔木，也称作澳洲鸭脚木，叶片宽大、奇特，枝叶柔软，呈下垂状态，外形似伞。栽植于墙角、庭院中，与其他植物一同配植，景观效果佳。此处昆士兰伞木，作为小灌木，叶形奇特，叶色翠绿，丰富了酒店大堂入口的景观层次。

②

植物名称：马拉巴栗
常绿小乔木，叶片较大，叶色翠绿，是优良的热带观叶植物，因其还有一个名字"发财树"，所以较常见于商业场所和家庭室内作为盆栽绿化使用。度假酒店大堂外的马拉巴栗株形飘逸，与高大壮观的酒店建筑外观形成对比。

③

植物名称：董棕
常绿大乔木，树形高大、优美，叶片排列整齐，可孤植于公园、广场或者花坛的中心，突出其高大、挺拔之气势，也可列植、群植等。海韵度假酒店地处海南三亚，是我国有名的热带旅游城市。这里气候炎热、雨水充足，适宜栽植董棕、大王椰子等热带棕榈植物。

④

植物名称：老人葵
树形高大，树冠优美，生长速度快，在入口及轴线景观上应用较多。老人葵也称为华盛顿葵，高大的树形、飘逸的姿态是棕榈科植物典型的特点。

⑤

植物名称：海芋
天南星科，多年生草本，大型喜阴观叶植物，林荫下片植，叶形和色彩都具有观赏价值。海芋花外形简单清纯，可做室内装饰。海芋全株有毒，以茎干最毒，需要注意。栽植于酒店大堂入口处，与其他常绿乔灌木搭配在一起，观赏价值更佳。

⑥

植物名称：福建茶
常绿灌木。革质叶片叶形小，深绿色。由于其具有枝繁叶茂、株型紧凑的特点，常用于园林绿地中。同时也是制作盆栽的良好材料，其中岭南派盆栽中，以福建茶居多。

⑦

植物名称：蜘蛛兰
又名水鬼蕉，喜温暖湿润的气候，不耐寒。蜘蛛兰植株形状别致，花色洁白，花形飘逸，适宜用来点缀和装饰花坛、花境等处。蜘蛛兰叶形纤细飘逸，与海芋栽植在一起，一宽一窄各有风趣。

植物名称：红刺林投

常绿小乔木或灌木，叶色亮绿有光泽，叶缘有红色锐刺，可栽植于庭院、花坛等地作点缀用。被植物装点的酒店让人时刻感受到度假的氛围。红刺林投在一丛常绿植物中，显得更加特别。

建筑元素：❶ 陶罐

植物配置：秋枫＋槟榔＋海南椰子＋红刺林投＋鸡蛋花－蜘蛛兰＋非洲茉莉＋矮龙船花

点评：在一年四季热情洋溢的海南三亚，这里的植物大部分都是终年常绿的，高大挺拔的椰子树，花色娇艳的鸡蛋花，等等，很难有凄凉凋敝的景象，这里的植物景观也在向游客传递着欣欣向荣、生机勃勃的气息。

植物名称：非洲茉莉

常绿小乔木或灌木，耐修剪，花期较长，冬夏季均开花，花香淡。非洲茉莉因其株形低矮，且具备耐修剪的特性，经常修剪成带状、球状栽植于公园内、酒店花园等地，是很好的常绿花灌木植物。

植物名称：鸡蛋花

落叶小乔木，也称为缅栀子。鸡蛋花因其花而闻名。花外围为乳白色，中心为淡黄色，花香浓郁，夏季盛花期，景致优美。鸡蛋花栽植于热带度假风景区或者是公园里，最能营造出休闲度假的氛围。

植物名称：秋枫

常绿或半常绿大乔木，秋枫树形高大挺拔，树冠圆润，适宜栽植于公园内、风景区等地，也可在草坪和河堤附近栽植，是优良的绿化树种。

植物名称：槟榔

常绿乔木，茎直立，树形较高大，叶片如其他棕榈科植物一样，簇生于茎顶部。槟榔、椰子树、棕榈等都是营造热带风情的观赏树种。在三亚这些随处可见的植物正是其最迷人的风景。

植物名称：海南椰子

常绿乔木，是营造海岛椰风的主要景观树种。椰子树树形优美，可列植于道路两旁作行道树，其果实硕大，是消暑败火的水果，果肉香醇，具有较高经济价值。

植物名称：金叶假连翘

常绿灌木，植株较矮小，分支多，密生成簇。广泛应用于我国南方城市街道绿化、庭院绿化。

建筑元素：❶ 景观凉亭（材料：油毡瓦）
植物配置：董棕＋老人葵＋海南椰子＋鸡蛋花-鹅掌柴＋春羽

建筑元素：❷ 休闲亭、❸ 黄蜡石
植物配置：董棕＋老人葵＋海南椰子＋鸡蛋花-鹅掌柴＋春羽

⑥ ⑦

植物名称：春羽
多年生常绿草本观叶植物。叶片大，叶形奇特，叶色深绿，且有光泽，是较好的室内观叶植物。由于其较耐阴，可栽植于比较荫郁的环境。景观水池旁的春羽，叶形奇特舒展，其叶倒映在水中。

▲ **植物配置：凤凰木 + 洋蒲桃 + 红刺林投 + 酒瓶椰子 + 蘑菇形垂叶榕 - 蜘蛛兰 + 细叶棕竹**

点评：以蘑菇形垂叶榕作为园道通往酒店大堂过道的"门墩"，树下栽植葱葱郁郁的蜘蛛兰，花期来临时，花形美丽、花色洁白的蜘蛛兰像绿色绸缎上的一颗颗珍珠，远观近赏都非常适宜。

植物名称：鹅掌柴
是较常见的盆栽植物，也可栽植于林下，营造不同层次的园林景观。鹅掌柴叶形奇特，叶色翠绿，虽然没有美丽的花朵，但是作为背景灌木材料能够很好地衬托出其他景观植物的特点。

植物名称：斐济棕
常绿乔木，树形较高大，树姿优美，可列植于道路两旁或丛植于空地、湖畔等。

植物名称：印度紫檀
落叶大乔木，花期较短，但具有芳香，可作为园景树、行道树栽植。

植物名称：细叶棕竹
丛生灌木，茎直立，是棕竹的品种之一，株形矮小优美，可以作为庭院绿化材料使用，同时也是常见的观赏盆栽棕榈植物。高大紫檀树下栽植着叶片纤细的细叶棕竹，营造出不同质感的景观效果。

植物名称：酒瓶椰子
棕榈科常绿观赏植物，酒瓶椰子因其茎干形状似酒瓶而得其名，树干粗壮圆润，枝叶油绿，四季常青，观赏价值较高，适宜栽植于草坪或者海边。在这里作为背景植物的酒瓶椰子能够起到引人入胜的效果。

植物名称：凤凰木
树如其名，鲜绿的羽状复叶配上鲜红的花朵给人很惊艳的感觉。树形高大，盛花期时，花红叶绿，与前面两棵修剪成伞状造型的榕树形成强烈对比，美丽非凡。

植物配置：垂叶榕 + 洋蒲桃 + 旅人蕉 + 造型小叶榕 + 老人葵 + 鸡蛋花 + 黄花风铃木 - 狗牙花 + 蜘蛛兰 + 海芋 + 金边虎尾兰 - 翠芦莉

点评：翠绿的叶子，可爱的蘑菇造型，小叶榕被心灵手巧的园艺师修剪得十分可爱，让不少过往的酒店客人不禁要驻足观赏一番。

植物名称：垂叶榕

常绿大乔木。由于其具有特色的小型叶片，不仅常用于室外造景中，同时也受到室内设计师的青睐，常用来营造室内轻松的氛围。修剪成各种造型的垂叶榕，外形别致可爱，与其他自然飘逸外形的植物搭配在一起栽植，可以将严肃、拘谨的空间瞬间变得亲和和舒适。

植物名称：洋蒲桃

多年生常绿乔木，华南地区较常见，枝繁叶茂，终年常绿，树冠似伞，是很好的庭荫树种和园林绿化树种。

植物名称：狗牙花

常绿灌木，叶绿花白，花香诱人，亦有重瓣品种，是优良的花灌木。与翠芦莉、鹅掌柴等栽植于垂叶榕下，使得整体兼具统一感和变化性。

植物名称：翠芦莉

株形较矮，花色淡雅紫色，较常见用于地被栽植。也可以栽植于花坛、花钵中，可与夏堇、杜鹃、矮牵牛等花卉营造五彩缤纷的景色。酒店后堂过道处的翠芦莉为常绿景观的主题背景点缀了一些活泼的元素。

植物名称：旅人蕉

常绿草本植物，叶片硕大，状似芭蕉，株形高大而秀丽，常栽植于景墙边和山石后，与棕榈科植物搭配栽植，景观效果更佳。高大的旅人蕉，遮挡了部分酒店建筑里侧，将后堂的景色更加完整地呈现出来。

植物名称：金边虎尾兰

叶片直立坚硬，叶缘锋利且被金色边，叶片斑驳绿色有浅纹路，是观赏价值颇高的景观植物。常见于家庭观赏盆栽，也可栽植于公园、广场等绿地与其他植物搭配，丰富景观色彩和层次。

植物名称：小叶榕

又称为雅榕，生长较快，根系发达，树冠大而荫郁，是较好的庭院树种。由于其生长速度较快，冠幅宽大，如片植或丛植时应加大株距，5m 以上较适宜。道路间的小叶榕，为两边热带风情浓郁的景色增加了一丝别样的韵味。

植物名称：黄花风铃木

落叶乔木，春天来临时，其花开满枝头，满树金黄花朵，似一座座黄金小山，随春风拂动枝条，花瓣落满地，美丽非凡；花落后，夏季结果荚，挂在枝头，也是一道风景；秋季其枝叶繁茂，大树成荫；冬季落完叶，可赏其树形。可栽植于道路两旁，也可孤植于公园草坪等地，是优良的景观绿化树种。

陵水红磡香水湾度假酒店

设计公司：深圳市赛瑞景观工程设计有限公司
项目地点：海南省陵水县
项目面积：215000m²

（1）建筑

建筑风格：现代风格

建筑特点：根据项目地形特点，在尽量保持沿海沙滩和山体的前提下，在缓坡进行开发建设。开发规模不大，以低层低密度为主。建筑外形简洁大方，没有太多复杂的层次和夸张的造型；建筑色彩方面，以黑色、白色、灰色以及建筑材料原色为主，没有太多绚丽的色彩。

建筑材料方面，以水泥、混凝土、钢筋、木材、石材等为主要建造材料。

（2）景观

景观风格：东南亚风格

景观特点：整个酒店的景观设计以浓郁的东南亚风情为主，将浪漫温馨的海岸生活气息融入景观设计中，营造出闲适的度假风情。

景观植物：乔木层——小叶榄仁、垂叶榕、小叶榕、大王椰、火焰木、鸡蛋花、蒲葵、黄槐、白兰、旅人蕉等

　　　　　灌木层——苏铁、金叶假连翘、春羽、黄金榕、亮叶朱蕉、蜘蛛兰、三角梅等

　　　　　地被层——龙船花、满天星等

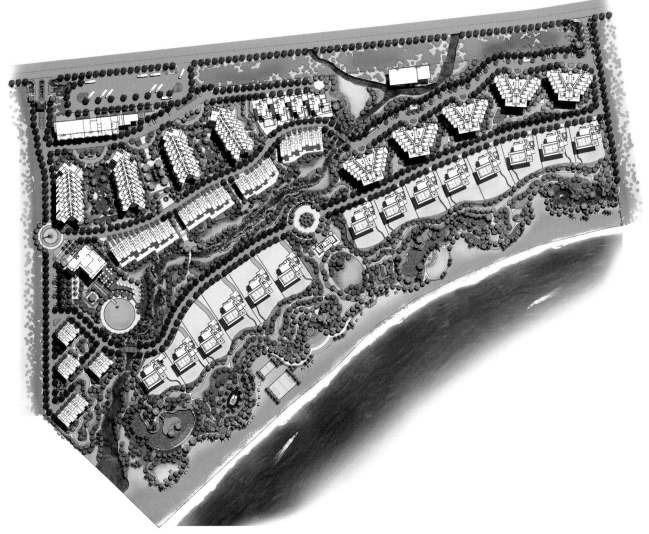

平面图

植物名称：三角梅
常绿攀缘灌木，又称为九重葛或毛宝巾。由于其花苞叶片大，色泽艳丽，常用于庭院绿化。三角梅色彩鲜艳，与黄金榕形成强烈的色差，让这一处的景观色彩更加丰富饱满。

植物名称：白兰
常绿乔木，花洁白，有香味，可栽植于庭院、公园和草坪中。是很好的景观观赏植物。道路两旁的白兰树作为中小乔木在春季花期来临的时候，白花盛开，十分美丽。

植物名称：大王椰
常绿大乔木，茎干白色且有纹，中部膨大，是常见的热带观赏植物。大王椰子作为道路两旁的背景树，树形高大挺拔，能够营造浓郁的热带风情。与三药槟榔、散尾葵配植效果佳。

植物名称：亮叶朱蕉
叶片较大，叶色鲜艳，叶心深绿色，叶缘附近红艳，是常见的园林绿化树种和室内观叶植物，可作为背景栽植，也可栽植于道路两旁的林下、山石旁或者作为盆栽装点室内景观。色彩鲜艳的亮叶朱蕉与酒店其他的常绿灌木植物形成了对比。

植物名称：黄金榕
常绿小乔木，树冠广阔，叶片金黄且有光泽，喜光耐修剪，常修剪成球状栽植于林间或道路两旁，也可孤植、群植于草坪。

植物名称：黄槐
落叶小乔木或灌木，羽状复叶黄色花朵，花期较长，是较好的园林景观植物。可栽植于河边、庭前、屋后等。

植物名称：满天星

花小而繁多，似满天繁星，称为满天星，在此处作为地被植物栽植。

植物名称：蜘蛛兰

又名水鬼蕉，喜温暖湿润的气候，不耐寒。蜘蛛兰植株形状别致，花色洁白，花形飘逸，适宜用来点缀和装饰花坛、花境等。蜘蛛兰、亮叶朱蕉和旅人蕉都是热带常用景观植物。其在形态、色彩等方面差异明显，却又能和谐搭配。

植物名称：旅人蕉

常绿草本植物，叶片硕大，状似芭蕉，株形高大而秀丽，常栽植于景墙边和山石后，与棕榈科植物搭配栽植，景观效果更佳。旅人蕉迷人雅致的叶片为入住酒店的旅客们带来了热带度假的气息。

植物配置：大王椰 + 黄槐 + 白兰 + 旅人蕉 - 三角梅 + 黄金榕 + 亮叶朱蕉 + 蜘蛛兰 - 满天星

点评：此处植物景观配置比较丰富，为了能够给入住酒店的游客带来更加贴近自然、舒适愉悦的感受，酒店内部的园路小径也主要以丰富的植物品种、多彩的植物色彩和造型多样的外观为设计重点。此处乔木层（大王椰、黄槐、白兰等）植物品种丰富，四季常青与应季开花的植物相搭配；灌木层（三角梅、黄金榕、亮叶朱蕉等）以全年翠绿的蜘蛛兰作为基础色调，并搭配三角梅、亮叶朱蕉等丰富景观色彩。

建筑元素：❶ 东南亚风格茅草观赏亭

植物配置：小叶榄仁 + 垂叶榕 + 小叶榕 + 大王椰 + 火焰木 + 鸡蛋花 - 苏铁 - 金叶假连翘球 - 龙船花 + 红草

点评：茅草小屋、鸡蛋花和各种棕榈科植物是营造热带海边度假气氛的好材料。海风习习，吹拂着枝叶飘逸的大王椰叶子，夕阳霞光中鸡蛋花婆娑古朴的枝干显得更有韵味。

植物名称：小叶榄仁
落叶乔木，主干浑圆挺直，小枝柔软，树形优雅。可以作为庭院树或者行道树。主要分布在广东、广西、香港和台湾等地。小叶榄仁常常因为其独特的树形，给人带来一股生机勃勃、积极向上的精神。

植物名称：垂叶榕
常绿乔木，由于其具有特色的小型叶片，不仅常用于室外造景中，同时也受到室内设计师的青睐，常用来营造室内轻松的氛围。酒店休闲广场采用了垂叶榕作为高大乔木向低矮过渡的小乔木。

植物名称：龙船花
花期较长，每年 3~12 月均可开花，花色丰富，适合栽植于庭院内或道路两旁，同时也是重要的盆栽木本花卉。此处龙船花大量栽植于垂叶榕树下，丰富植物景观层次和色彩。

植物名称：小叶榕
高大的小叶榕成为了观赏亭外的景观焦点。其树形古朴雅致，也称为雅榕。

植物名称：鸡蛋花
观赏亭外草坪上选择栽植树形小巧别致的鸡蛋花。鸡蛋花花色雅致美丽，其枝干也颇具韵味，是观花观叶的优良景观树种。

植物名称：红草
多年生草本植物，茎叶均为红色，冬季开白花，可栽植于庭院、花坛、花境等处丰富整体景观植物色彩。

植物名称：苏铁
常绿棕榈状木本植物，雌雄异株，世界最古老树种之一，树形古朴，苏铁是点缀草坪的良好树种。可以对植形成仪式感，也可以散植营造自然的感觉。

植物名称：金叶假连翘
常绿灌木，植株较矮小，分支多，密生成簇。广泛应用于我国南方城市街道绿化、庭院绿化。金叶假连翘适宜栽植成带状，修剪成型，与其他常绿灌木搭配栽植。

植物名称：火焰木
常绿乔木，又名火焰树，良好的观花乔木，花大艳红，花期长，可作庭荫树或行道树。

植物配置：蒲葵 + 鸡蛋花 - 春羽

点评：热带风情景观常给人带来阳光、洒脱和自由自在的感觉。而在植物选择方面，也较多地选用一些树形高大、枝叶颇具特点的植物来烘托度假的氛围。笔挺的大王椰、枝叶繁茂的蒲葵以及花形清新、枝干古朴的各色鸡蛋花都能带给游客赏心悦目的心情。

①

① 植物名称：春羽

多年生常绿草本观叶植物。叶片大，叶形奇特，叶色深绿，且有光泽。是较好的室内观叶植物。由于其较耐阴，可栽植于比较荫郁的环境。

② 植物名称：蒲葵

常绿大乔木，树干直立挺拔，树冠形状似伞，四季常绿，是营造热带风情效果的重要植物。叶片可制作蒲扇。可栽植于公园、景区、道路两旁。也可与其他棕榈科植物，如海枣、针葵、红铁树和鱼尾葵等搭配栽植。

保利悦都悠悦汇

设计公司：深圳市新西林园林景观有限公司
项目地点：广东省深圳市
项目面积：46065m²

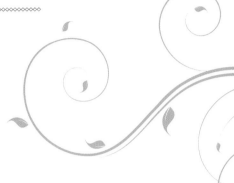

（1）建筑

建筑风格： 现代时尚

建筑特点： 项目通过现代的设计手法，营造出明快、硬朗的立面风格，合理的色彩搭配和线条组织，塑造出有力而丰富的建筑立面形象，体现了都市感、时尚感、品质感。

（2）景观

景观风格： 现代自然

景观特点： 悠悦汇是一处集聚年轻白领的绿色、生态的现代商业综合体，也是能够提供人群在空间中穿行、交流、观赏、游玩、聚会等趣味性体验的都市田园综合体。设计师将"悠"然自得的生活情境融入其中，以"悦"享的生活态度在现代、自然的田园般绿色商业中穿行。

项目建筑外形由"折叠"的形态而来，所以设计师在景观中也以"褶"为时尚背景，结合项目自身特点，将宝石元素融入其中，三个不同的节点被映射为不同的宝石形态。

植物景观设计将延续景观概念中的折线理念、现代简约的风格，运用观赏性高、通透性好的大中乔木和修剪性的低层灌木植物来营造极具现代感的、充满休闲氛围的商业街。特色商业街景观线条硬朗、直率，活力满分，别具特色；在植物设计上延续了这种特点，运用修剪地被、草坪和观赏性高、通透性好的乔木，营造简洁干净的植物景观，保证了休闲商业空间的景观连续性、统一性，简约而流畅。

景观植物：乔木层——香樟、老人葵、丛生柚子、锦叶榄仁、丛生水蒲桃、垂叶榕等

灌木层——苏铁、非洲茉莉、龙血树、米仔兰、金叶假连翘等

地被层——毛杜鹃、万寿菊、鼠尾草、千日红等

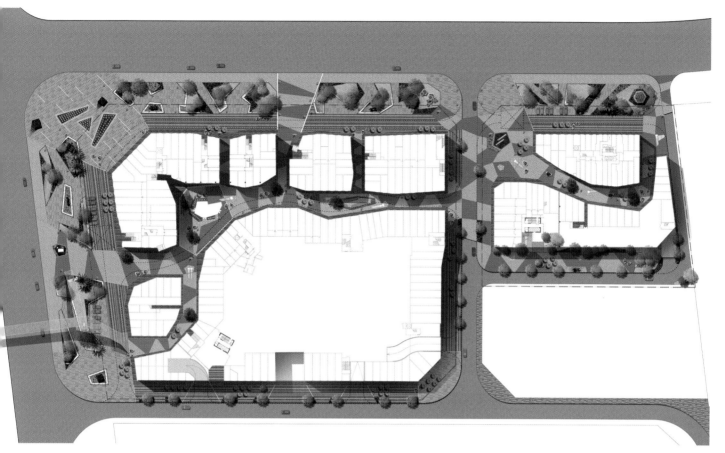

平面图

▲ 建筑元素：❶ 综合体建筑

植物配置：香樟 + 锦叶榄仁 + 大腹木棉 + 丛生柚子 - 非洲茉莉球 - 龙血树 + 鼠尾草

点评：商业街铺装设计注重肌理感，应用条状铺砖和小料铺砖；简洁的铺装设计，明快的色彩搭配，给人以时代感和现代感。渐变的铺装纹理，打破了寻常的设计手法，带来强烈的视觉冲击。流线的铺装形式，发挥引导人流聚集的作用，将各个商业节点连成一体，让个性铺装带动整个商业氛围，使得商业更丰富、活泼。

① 植物名称：龙血树
常绿植物，株形优美，富有热带特色。可与棕榈科其他植物配置营造热带风情效果，也可群植于草坪。此处栽植作为盆栽景观，配合购物中心整体风格，美丽别致。

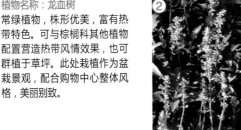
② 植物名称：鼠尾草
唇形科多年生芳香草本植物，原产于地中海，植株灌木状，高约 60cm，因品种不同，花有紫色、粉红色、白色或红色。鼠尾草外形和薰衣草有点类似，色彩美丽，是购物中心用来装点硬质景观的良好材料。

③ 植物名称：香樟
常绿大乔木，树形高大，枝繁叶茂，冠大荫浓，是优良的行道树和庭院树。高大的香樟树搭配小叶榄仁等树种栽植于道路两边，可以给购物的游客提供阴凉的休憩空间。

④ 植物名称：锦叶榄仁
树形和小叶榄仁一样，树姿优雅，叶片小而精致，叶边缘被银白色细边，也称为银边榄仁，可以作为庭院树或者行道树。主要分布在广东、广西、香港和台湾等地。

⑤ 植物名称：大腹木棉
落叶大乔木，树干高大，下部较粗壮似瓶身，主干有突出的小刺，树冠呈伞状，叶片较大，叶色青翠，盛花期为冬季，花色红艳，是庭院绿化中的优良树种。

⑥ 植物名称：丛生柚子
常绿乔木，是经济树种，其果实圆润、水分充足，是常见的水果。香柚树可栽植于庭院，其兼具经济价值和观赏价值。

⑦ 植物名称：非洲茉莉
常绿小乔木或灌木，耐修剪，花期较长，冬夏季均开花，花香淡淡，由于其具有一定的耐修剪能力，栽植于柚子树下的非洲茉莉，可以丰富购物中心游客广场空间的植物层次。

⑧ 植物名称：米兰球
常绿小乔木或者灌木，叶形小巧，花小洁白，且具有浓香。米兰花花小芬芳，树下搭配鼠尾草，更加温馨亲切。

⑨ 植物名称：老人葵
树形高大，树冠优美，生长速度快，在入口及轴线景观上应用较多。高大的老人葵可以以购物广场橙色立体装饰墙面为背景，宽广飘逸的绿色叶片与火热鲜艳的背景墙形成鲜明对比。

建筑元素：❶ 色彩明亮的综合体建筑

植物配置：老人葵 - 米仔兰球 - 万寿菊 + 鼠尾草 + 龙血树

点评：商业主广场的特色旱喷在设计时更注重消费者的体验感，参与度更高，同时让商业广场更具趣味性；在重点打造个性时尚商业内街的同时，保持商业内街绿化与建筑立面统一性；商业街夜景灯光烘托出别样的商业氛围。

▲ 植物配置：香樟 + 丛生柚子 + 大腹木棉 - 非洲茉莉球 - 万寿菊 (黄色)+ 万寿菊 (橙色)+ 千日红 + 锦叶假连翘

点评：运用简约自然的设计手法，强调空间的近人尺度和舒适感，同时利用植物的不同形态、色彩、香味等，采用堆坡等微地形处理手法，营造趣味的商业空间和氛围。消费者漫步其中，不仅享受现代简约自然的购物环境，更有步移景异的乐趣。

植物名称：万寿菊
一年生草本花卉，因其有异味，又称为臭芙蓉。万寿菊花大色艳，花期长，花色鲜艳，有黄色、橙色等，可成片栽植于花坛、花境和草坪边缘，景观效果佳。装点广场前的大面积花坛，万寿菊是一个好的选择，其管理粗放，且花色种类繁多，可以营造出多种色块效果。

植物名称：千日红
一年生直立草本植物，花期较长，花色鲜艳夺目，是丰富花坛、花境的优良材料，在园林绿化中也较常使用。

植物名称：金叶假连翘
常绿灌木，植株较矮小，分枝多，密生成簇。广泛应用于我国南方城市街道绿化、庭院绿化与千日红、万寿菊等色彩鲜艳的一年生草本花卉搭配栽植可以营造出丰富的色块花坛景观。

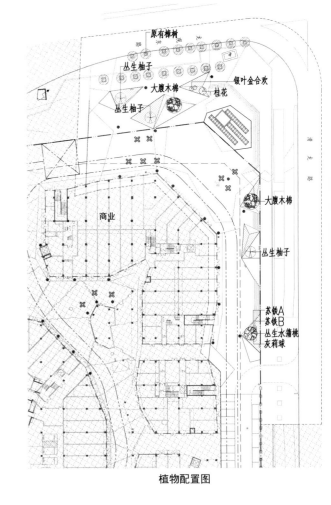

植物配置图

建筑植物配置——半公共景观

南方篇

厦门海沧高层展示区

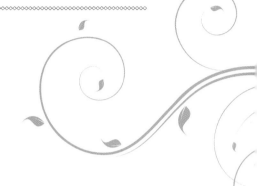

设计公司：深圳奥雅设计股份有限公司
项目地点：福建省厦门市
项目面积：9000m²

（1）建筑

建筑风格：新中式

建筑特点：以"创新院落、新型邻里"为设计理念，首创三重院落归家体系，旨在重塑当代中国邻里关系，营造更加融洽，具有传统风格的社区氛围。

新中式院落别墅，整体设计贯彻"皇家气派、中式手法、现代演绎"理念，形成项目特有的"新而不洋、中而不古"的建筑风格。是厦门，乃至南中国地区，独创的新中式院落别墅。

项目具有四大特点：

【门第】官式家族门第——门第之尊，最能彰显主人身份，是地位的象征，对开式柚木大门，时尚又充满中国韵味。

【院落】独立精装院落——有天有地的私密围合精装院落，体现新中式建筑独有的细节之美。

【坊巷】三院五巷八坊——源承福州三坊七巷形制，布局严谨，井然有序，映现出古代居住的天人理想。

【山水】皇家院落景观——一池三山的皇家造园手法，模山范水，将中国人的山水理想融于一园。

（2）景观

景观风格：现代自然

景观特点：该项目的设计理念源于对基地河流的感受，通过对山峦、曲岸及水脉的现代演绎，利用整体和两侧的落差处理，使得整体景观空间流畅而富有变化，营造出曲岸观澜的现代自然山水意境。整体景观空间布局错落有致，两侧的树阵和花境，更添灵动细腻的感觉。

项目入口处设计了多层次的观水平台和半围合的平台，使得入口的仪式感得到了很大提升。样板房附近的水系则通过绿化的围合，若有若无地显现于道路两侧，增加了视觉的变化和悦耳的流水声。在绿化设计上，将公园的休闲性和轻松氛围也融入其中，营造了更加愉悦的参观体验。

景观植物：乔木层——垂叶榕、香樟、桂花、凤凰木、大叶榕、嘉宝果、红花紫荆、麻楝、杜英、朴树、美丽异木棉、香泡、小叶榄仁等

灌木层——垂丝海棠、海桐、红叶石楠、黄金榕、金边黄杨、金叶女贞、毛杜鹃、九里香、狗牙花、琴叶珊瑚等

地被层——八角金盘、亮叶朱蕉、毛杜鹃、美女樱、千日红、肾蕨、夏堇、雪茄花等

水生植物——睡莲等

平面图

植物名称：鸡蛋花

落叶小乔木，也称为缅栀子。鸡蛋花栽植于台阶路缘两侧，其树形不像香樟等常绿乔木那样高大，树干优美具有观赏价值，花色淡雅，与树下色彩艳丽的鼠尾草搭配栽植，比较和谐。

建筑元素：❶ 台阶园路

植物配置：鸡蛋花 + 小叶榄仁 + 桂花 + 香泡 - 黄金榕球 - 蓝花鼠尾草 + 大叶龙船花

点评：小叶榄仁树形直立挺拔，树下栽植蓝花鼠尾草，花色艳丽，似地毯一样装点着园路两边的花坛。远处有树形高大的香樟，四季常青的桂花和株形颇具韵味的鸡蛋花，林冠线高低起伏，错落有致，与蓝天白云刚好构成了一幅美丽的风景画。

植物名称：蓝花鼠尾草

唇形科多年生芳香草本植物，植株灌木状，高约60cm，花蓝色。大面积栽植于林下草坪中能够营造花海的感觉，是观赏价值较高的地被植物。

植物名称：小叶榄仁

落叶乔木，主干浑圆挺直，小枝柔软，树形优雅。与鸡蛋花搭配栽植于台阶两侧的草坪上，观赏价值较高。

植物名称：桂花

常绿小灌木，多分枝，小叶密生，叶形小巧，叶色亮绿，具有较好的观赏价值。桂花株形圆润，与树形高大的香泡搭配栽植，显得空间饱满不空洞。

植物名称：香泡

常绿小乔木或灌木，喜温暖的气候环境，花期较长，芬芳馥郁，果实较大，是良好的观赏观果绿化植物，可栽植于城市公园、别墅庭院内。

植物名称：大叶龙船花

龙船花的一种，叶片与细叶龙船花相比更大，花期较长，每年3~12月均可开花，花色丰富，适合栽植于庭院内或道路两旁，同时也是重要的盆栽木本花卉。

植物名称：黄金榕球

也称为黄心榕、黄叶榕，常绿乔木或灌木，树冠广阔，树干多分枝，叶有光泽，嫩叶呈金黄色，老叶则为深绿色，是园林造景中常用的景观植物。

植物名称：红果冬青球

常绿乔木或灌木，果实成熟挂果期较长，红色小粒果实可从当年的10月一直到第二年的4月才凋落，由于其四季常绿，叶色浓绿，果实红艳，观赏价值颇高。可栽植于院内作观赏树种，也可孤植于水边、门前、院墙下点缀主景。

植物名称：夏堇

夏堇为亚热带夏季草花，花朵小巧，花色多样，并且花期长，适合阳台、花坛、花台种植。此处，夏堇栽植于鸡蛋花树池内，花形小巧，花色鲜艳，增添了景观色彩和层次。

植物名称：非洲茉莉球

常绿小乔木或灌木，耐修剪，花期较长，冬夏季均开花，花香淡淡，修剪成球状的非洲茉莉在形态与色彩上与周围低矮的夏堇、杜鹃形成对比。

植物名称：夏鹃

常绿灌木，属于杜鹃的一种，花期为初夏时节，花色美丽，较耐阴，可栽植于林下，营造乔灌草多层次景观。

建筑元素：❶ 园路、涌泉水池

植物配置：鸡蛋花 - 红果冬青球 + 非洲茉莉球 - 夏堇 + 夏鹃 + 千日红

点评：远处大树林里，靠近水池边的则选用树形古朴，花色清雅的鸡蛋花，下层地被用夏堇、夏鹃和千日红等花色鲜艳、较易管理的草本植物。

植物名称：千日红

一年生直立草本植物，花期较长，花色比较鲜艳夺目，水池旁的千日红在波光的倒影中显得更加美丽、鲜艳。

植物名称：春羽

多年生常绿草本观叶植物。叶片大，叶形奇特，叶色深绿，且有光泽。是较好的室内观叶植物。由于其较耐阴，可栽植于比较荫郁的环境。春羽一丛丛地栽植于水岸边，显得更加生动。

建筑元素：❶ 观景木栈平台

植物配置：香樟＋朴树＋香泡＋桂花-红枫＋扶桑＋竹子-春羽夏堇＋千日红

点评：连续几天大雨过后的木栈平台显得比较陈旧，其周围的花草和绿树却更加的精神，等到正午，树下的夏堇会像刚睡醒的小朋友，一片一片恢复生气和活力。

植物名称：红枫

其整体形态优美动人，枝叶层次分明飘逸，广泛用作观赏树种，可孤植、散植或配植，别具风韵。红枫、鸡爪槭等树种株形小巧、色彩亮丽，适宜栽植于水边池畔。

植物名称：扶桑

一年生直立草本植物，花期较长，花色比较鲜艳夺目，是丰富花坛、花境的优良材料，在园林绿化中也较常使用。观景平台旁的扶桑花，花开满枝，十分美丽。

植物名称：三角梅

常绿攀缘灌木，又称为九重葛、毛宝巾、勒杜鹃。由于其花苞叶片大，色泽艳丽，常用于庭院绿化。与非洲茉莉搭配栽植的三角梅修剪成球状，其叶色翠绿，花苞片鲜艳夺目，栽植于道路两旁的草坪缓坡上丰富了植物色彩和层次。

植物名称：雪茄花

叶片对生，叶革质，全年均可开花，夏季最盛。花色紫红而花朵小巧，植株较低矮，草坪缓坡上的雪茄花丰富了地被层次。

建筑元素：❷ 平坦的小径园路

植物配置：垂叶榕 + 狐尾椰子 - 非洲茉莉球 + 三角梅 + 扶桑 - 雪茄花 + 金叶假连翘 + 银边草

点评：这里是一处人行园路，车辆极少从这里通过，没有行色匆匆和尘土飞扬，清晨跑步的青年人和晨练的老人结伴而行，傍晚偶尔也有玩耍的小朋友的欢声笑语飘过。狐尾椰子树形挺拔，叶形俏丽，垂叶榕四季常青，多变的修剪造型给园路两边的景观增添了更多的乐趣。配合蜿蜒的园路，道路两旁的低矮灌木（金叶假连翘）也修剪成曲线形，让散步在园路上的业主更加放松和舒适。

植物名称：金叶假连翘
常绿灌木，植株较矮小，分枝多，密生成簇。广泛应用于我国南方城市街道绿化、庭院绿化。此处住宅小区内步行道旁，金叶假连翘与雪茄花搭配栽植于草坪缓坡，一个观叶、一个观花，一个色泽金黄，一个花色亮丽，让小区道路景观也变得不再枯燥。

植物名称：银边草
多丛植或者栽植于山石旁起到点缀作用。

植物名称：垂叶榕
常绿大乔木，由于其具有特色的小型叶片，不仅常用于室外造景中，同时也受到室内设计师的青睐，常用来营造室内轻松的氛围。

植物名称：狐尾椰子
棕榈科植物，树形优美，叶如狐尾，适合列植、丛植或群植于草坪一隅。远处的狐尾椰子，点缀了小区道路景观。

▲ 建筑元素：❶ 园路

植物配置：阳明山樱花 + 桂花 + 鸡蛋花 - 金叶假连翘球 + 红果冬青球 + 亮叶朱蕉 - 雪茄花 + 夏堇 + 千日红

植物名称：亮叶朱蕉

叶片较大，叶色鲜艳，叶心深绿色，叶缘附近红艳，是常见的园林绿化树种和室内观叶植物，可作为背景栽植，也可栽植于道路两旁的林下、山石旁或者作为盆栽装点室内景观。亮叶朱蕉搭配红果冬青，保证了景观在不同的季节均能展现出最美丽的形态。

植物名称：山樱

樱花的一种，落叶乔木，花色多为桃红艳丽，盛花期时满树红艳，美丽异常，是观赏价值较高的园林树种。

植物名称：四季桂

其整体形态优美动人，枝叶层次分明飘逸，广泛用作观赏树种，可孤植、散植或配植，别具风韵。

植物名称：百合竹

常绿灌木，叶片碧绿有光泽，是优良的观叶植物。

建筑元素：❷ 水池

植物配置：原生乔木 - 三角梅 + 四季桂 + 扶桑 - 春羽 + 亮叶朱蕉 + 黄金榕球 + 百合竹 - 雪茄花

特发和平里

设计机构：澳大利亚·柏涛景观
项目地点：广东省深圳市
项目面积：26000m²

（1）建筑

建筑风格：装饰艺术风格

建筑特点：建筑物给人感觉高耸、挺拔，具有深入云霄、拔地而起的非凡气势。

（2）景观

景观风格：简约现代的亚洲风格

景观特点：景观设计中，充分考虑到不同区域的空间布局和人居容量，确定以一主轴及穿插于主轴竖向延伸的多条次轴来协调区域的景观布置，将景区有机地结合起来，风格景观浑然一体。主轴线以特色风雨廊的方式连接各个建筑，并与各个活动空间、特色花园和艺术画廊相连接。再分布特色水景、景观树、景墙廊架作为分散景观，而其中的特色雕塑、画框形式的景墙、舞动曲线式的风雨廊及小径，则体现出了"花园中的画廊"和"河流"（景观几何构成）的主题。

户外活动区域通过广场、活动区、功能区、草地及观景区合理分布，各区功能明确，能照顾到不同年龄层次业主的需要。相互之间互不干扰，突出了功能性与实用性。中心区域大面积的阳光草坪及分散的各个草坪营造了绿意盎然的氛围，绿化植栽的多层次、多种类和自然感受为景观增添色彩。整体景观设计以流畅跳跃的曲线形态为主旋律，在景观形态中体现出动感的生命力，在简约的风格中体现出景观的精致、细腻，在使用功能和形式美感上均体现人文关怀的内涵。

景观植物：乔木层——红花玉蕊、桂花、红花鸡蛋花、银海枣、小叶榄仁、香樟、珊瑚树、洋蒲桃、红花羊蹄甲等

灌木层——红花檵木、黄金榕、鹤望兰、小蚌兰、朱槿、银边山菅兰、琴叶珊瑚等

地被层——龙船花、雪茄花、鹅掌柴等

该项目位于深圳市宝安区，四周交通非常便利，且周边商业非常集中。该项目配以高品质的精致风格景观设计，打造一个引领未来深圳生活方式的居住区。

总体设计概念源于度假酒店的设计理念，采用简约现代的亚洲风格，营造一个温馨、祥和的居住氛围。空间中的冥想庭园可以让人忘记喧嚣，远离城市压力，感受建筑散发出的禅意。

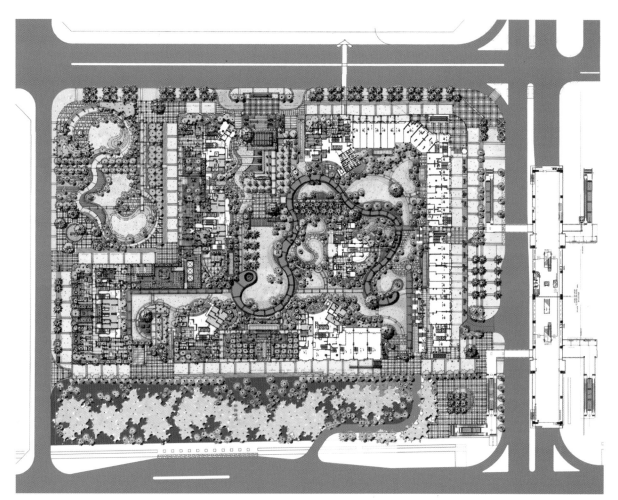

平面图

▲ 建筑元素：❶ 跌水水景（材料：光面福鼎黑）

植物配置：红花玉蕊 + 桂花 + 红花鸡蛋花 + 银海枣 + 红花檵木 - 红花龙船花 + 黄花龙船花

点评：住宅小区大门的设计一般是整个项目的第一印象，所以也是至关重要的。不能一览无余，也不能太藏头藏尾。最好是让人眼前一亮，意犹未尽，直至充满好奇想要进入一探究竟。和平里的小区 LOGO 设计成跌水景观，为了丰富景观层次，并在水景的后方栽植了一棵树形饱满、圆润、优美的红花鸡蛋花。两旁阶梯花坛内对称式地栽植着红花檵木、龙船花等观赏花卉，以增强气势、突出主景。

植物名称：红花玉蕊
常绿小乔木，其花朵、果实都具有一定的观赏价值，是较好的园林观赏、绿化树种。

植物名称：桂花
常绿小乔木，又可分为金桂、银桂、月桂、丹桂等品种。桂花是极佳的庭院绿化树种和行道树种，秋季桂花开放，花香浓郁。小区入口处的景观比较大气、庄重，台阶两旁对称式地栽植着桂花、玉蕊等植物。

植物名称：红花鸡蛋花
落叶小乔木，鸡蛋花因其花而闻名。花粉红色，栽植于跌水景观之后的红花鸡蛋花树形圆润、饱满，为小区入口处景观的视觉焦点。

植物名称：红花檵木
常绿小乔木或灌木，花期长枝繁叶茂且耐修剪，常用于园林色块、色带材料。红花檵木修剪成球状，对植于小区入口台阶花池内，增加了入口景观的气势和场景感。

植物名称：红花龙船花
龙船花的一种，花色为红色，花期较长，每年 3~12 月均可开花，花色红艳。栽植于花钵内的红花龙船花数量虽然不多，但起到了点睛的作用。

植物名称：银海枣
银海枣是棕榈科刺葵属的植物，其具有耐炎热，耐干旱，耐水淹等习性，其树形高大挺拔，树冠似伞状打开，可与其他棕榈科植物搭配栽植营造热带风情景观。

植物名称：黄花龙船花
龙船花的一种，花色为黄色，适合栽植于庭院内或道路两旁，同时也是重要的盆栽木本花卉。在台阶的正下方，条状栽植着一丛黄花龙船花，与红花龙船花在数量和花色上形成对比。

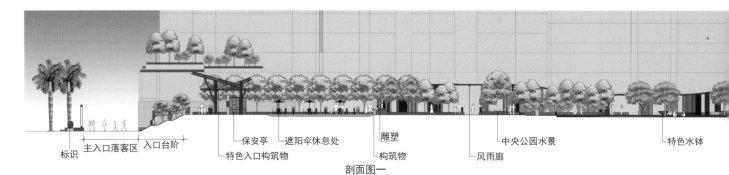

标识　　主入口落客区　入口台阶　　　保安亭　遮阳伞休息处　　　雕塑　　　　中央公园水景　　　　　特色水钵
　　　　　　　　　　　　特色入口构筑物　　　　　　构筑物　　　风雨廊

剖面图一

① 植物名称：水蒲桃
常绿乔木，树形高大，分枝低，枝叶繁茂，树冠葱郁似伞状。可以栽植于道路两旁或者多带式道路中间作行道树，也可栽植于湖畔、草坪空旷地作风景绿化树种。

② 植物名称：金叶假连翘
常绿灌木，植株较矮小，分枝多，密生成簇。广泛应用于我国南方城市街道绿化、庭院绿化。

③ 植物名称：花叶假连翘
常绿灌木，中国南方广为栽培。花蓝色或淡蓝紫色，花期5～10月，可修剪成形，丛植于草坪或与其他树种搭配，也可作绿篱，还可与其他彩色植物组成模纹花坛。

④ 植物名称：黄金榕
常绿小乔木或灌木，树冠广阔，叶片金黄且有光泽，喜光耐修剪，常修剪成球状栽植于林间或道路两旁，也可孤植、群植于草坪。

⑤ 植物名称：琴叶珊瑚
叶形似提琴，花色红艳，花期较长，是较好的园林观赏植物。

⑥ 植物名称：鹅掌柴
是较常见的盆栽植物，也可栽植于林下，营造不同层次的园林景观。

植物配置：宝华树 + 水蒲桃 + 鸡蛋花 + 桂花 + 红花鸡蛋花 - 红花檵木球 + 金叶假连翘球 + 琴叶珊瑚 + 黄榕球 - 花叶假连翘 + 鹅掌柴

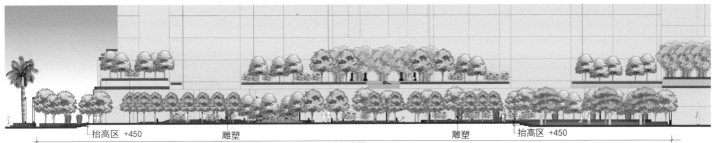

抬高区 +450　　　　　雕塑　　　　　　　　　　　雕塑　　　抬高区 +450

雕塑公园

剖面图二

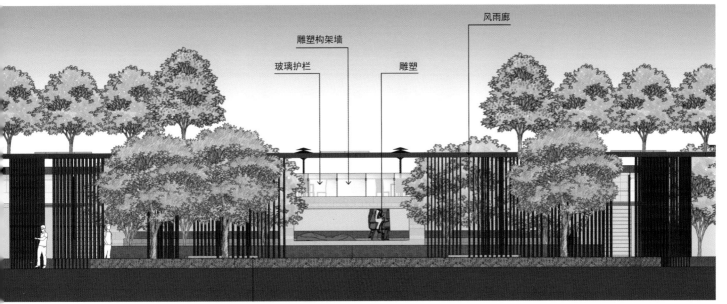

雕塑构架墙

风雨廊

玻璃护栏　　　　　　雕塑

剖面图三

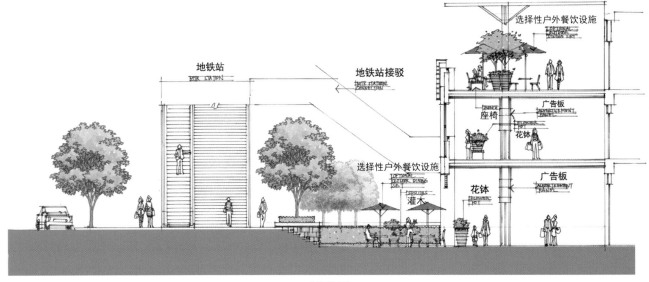

地铁站
METRO STATION

地铁站接驳
METRO STATION
CONNECTION

选择性户外餐饮设施
OPTIONAL
OUTDOOR DINING
SET

选择性户外餐饮设施
OPTIONAL
OUTDOOR DINING
SET

座椅
BENCH

广告板
ADVERTISEMENT
PANEL

花钵
FLOWER
POT

灌木
SHRUBS

花钵
FLOWER POT

广告板
ADVERTISEMENT
PANEL

剖面图四

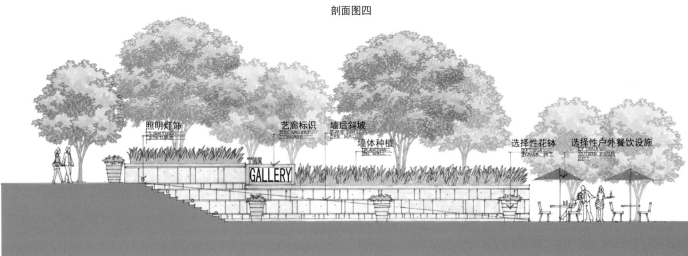

照明灯饰
LIGHTING
FIXTURE

艺廊标识
THE GALLERY
SIGNAGE

墙后斜坡
RAMP BEHIND
THE WALL

墙体种植
PLANTING
ON WALL

选择性花钵
OPTIONAL
FLOWER POT

选择性户外餐饮设施
OPTIONAL
OUTDOOR PUBLIC
SET

GALLERY

剖面图五

① 植物名称：小叶榄仁
落叶乔木，主干浑圆挺直，小枝柔软，树形优雅。可以作为庭院树或者行道树。主要分布在广东、广西、香港和台湾等地。小叶榄仁以景观长廊为栽植轨道，沿曲线状栽植，一方面能够丰富观景长廊周围的景色，另一方面，能够为夏日游走在长廊里的业主提供更多的荫凉和舒适。

② 植物名称：小叶紫薇
落叶小乔木，又称为痒痒树，树干光滑，用手抚摸树干，植株会有微微抖动，小叶紫薇的花期是5~8月，花期较长观赏价值高。

③ 植物名称：圆叶蒲葵
常绿乔木树种，树形高大，叶片呈扇形、掌状分裂。可作为行道树或景观树种栽植于道路两旁和公园、风景区等地。

④ 植物名称：鹤望兰
多年生常绿草本植物，又称为天堂鸟，叶片长圆披针形，株形姿态优美而高雅，花形奇特，状似仙鹤昂首而命名。栽植于庭院内和山石旁颇有韵味。

⑤ 植物名称：雪茄花
叶片对生，叶革质，全年均可开花，夏季最盛。植株较低矮，适宜栽植于花坛、花境中，靠近长廊的边缘，栽植了一丛丛的雪茄花，让软硬质材料更好地融合。

建筑元素：**❶** 风雨连廊（材料：钢骨架外包铝单板）

植物配置：小叶榄仁 + 水蒲桃 + 小叶紫薇 + 圆叶蒲葵 + 红花玉蕊 - 鹤望兰 - 金叶假连翘 + 雪茄花

点评：小叶榄仁树形优美，随风雨廊呈曲线状栽植，树下以草皮、雪茄花、金叶假连翘等铺装装点地面，软硬铺装结合使用，方便业主行走也丰富了道路景观。

建筑元素：❶ 风雨连廊（材料：钢骨架外包铝单板）

植物配置：小叶榄仁 + 香樟 + 宝华树 + 银海枣 + 桂花 + 红花鸡蛋花 - 鹤望兰 + 小蚌兰 + 朱槿 + 黄榕球 + 银边山菅兰 - 雪茄花

点评：住宅小区内景观绿化面积较大，而南方地区雨季较长，夏季日照强烈，紫外线强烈。楼宇间的景观设计中预留出适当的空地设计了一条蜿蜒、绵长的风雨景观长廊，为业主带来了便利，而且沿风雨廊，设计了变幻的景观场景。

植物名称：朱槿

常绿灌木，花大且色彩鲜艳美丽，花期较长，是常见的园林景观木本植物。可单植、对植、列植和群植于公园、草坪。

植物配置：小叶榄仁 + 红花玉蕊 + 红花羊蹄甲 + 红花鸡蛋花 - 黄榕球 + 鹤望兰 + 金叶假连翘 - 雪茄花

点评：花岗石碎拼的园道沿着蜿蜒的风雨廊布置，道路两旁有草坪、雪茄花和金叶假连翘等植物覆盖地面，增加绿量。

植物名称：香樟

常绿大乔木，树形高大，枝繁叶茂，冠大荫浓，是优良的行道树和庭院树。香樟树可栽植于道路两旁，也可以孤植于草坪中间作孤赏树。

植物名称：小蚌兰

多年生草本植物，叶片正面绿色，背面红紫色，剑形叶片较光亮是观赏价值较高的观叶植物。

植物名称：银边山菅兰

多年生草本植物，叶片秀丽，叶边缘有银白条纹，非常美丽，是美化地被的良好材料。

植物名称：红花羊蹄甲

又称为洋紫荆，其叶形似羊蹄形状，花大色艳，是优良的庭院绿化树种和行道树种。

中信红树湾一、二期

设计公司：澳大利亚·柏涛景观
项目地点：广东省珠海市
项目面积：130800m²

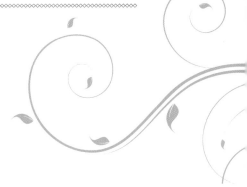

（1）建筑

建筑风格：现代简约风格、新亚洲风格

建筑特点：珠海中信红树湾是中信创造的"第五代"住宅典范项目，其主要特征是生态文化型。这一住宅拥有物质性和精神性两个层面，是确保身体健康亦注重心理健康以及居住小区内社会健康的健康型住宅。珠海中信·红树湾在项目设计上，谋建"生态人居系统"贯穿项目建设的始终，秉承了"环境，空间，文化，效益"的设计理念。在建筑色调的处理上，高层区采用冷灰调的现代简约风格，低层区建筑配以暖色调为主的新亚洲风格，消融建筑高度的落差，两种风格巧妙地把"现代"与"禅意"结合。

（2）景观

景观风格：现代风格

景观特点：景观设计的焦点在于打造一个静谧，祥和的居住氛围，通过与建筑风格相呼应的景观设计来全方位地提升整个楼盘的文化品位，仿佛置身于散发出一丝丝禅意，神秘的冥想花园。所以，"水漾景园"是对这一主题的最好诠释。放松休闲的度假风情让业主忘却城市的喧嚣烦恼，流连忘返。

园林规划的策略在于打造一系列的互相连接的节点和聚焦点以及视线走廊，让居民在回家的路上有美景欣赏。不同的主题花园位于不同的节点处，加之特色水景的点缀走向大厅。功能活动空间分布明确，满足不同年龄层的使用目的。景观亭，廊架呈分散式摆放，在一定程度上起遮挡，分界的作用，为居民提供更多私密活动去处。不同的建筑平台拥有不同景观应用。在高层公寓区，园林更加开放活跃，而在联排别墅区会偏向私密被动性。

景观植物：乔木层——早园竹、旅人蕉、香樟、白兰、红花鸡蛋花、鸡蛋花、红刺林投、桂花、四季桂、小叶榄仁、红花羊蹄甲、大叶紫薇、中东海枣、秋枫、洋蒲桃等

灌木层——小蒲葵、四季桂、小蚌兰、蜘蛛兰、银边山菅兰、洒金榕、红花檵木、金叶假连翘等

地被层——肾蕨、沿阶草、鸢尾、雪茄花等

"水漾景园"的延伸运用在红树湾的其他园区也体现得淋漓尽致。不同的水景语言交织展现如同一曲抑扬顿挫的交响乐。洋溢着热烈欢迎气氛的瀑布跌水引领大家走进红树湾；活动空间小型水景点缀突显私密性；涌泉水景的激昂，潺潺的溪水声点缀心里的涟漪。副主题可设为质感画面，这一主题表现在系列景墙的设计，如诗如画，仿佛置身于高雅的艺术画廊。

珠海中信红树湾不仅实现了功能和美学设计的平衡搭配，并且呼应了从概念方案到施工阶段普及生态绿色的发展标准条件。太阳能照明的使用，当地植物的栽培，使用中庭式采光井，为地库停车提供天然照明、排风系统，保存节省能源；只在重要的节点区域使用木质材料打造重点景观，其他区域均采用人造木板等

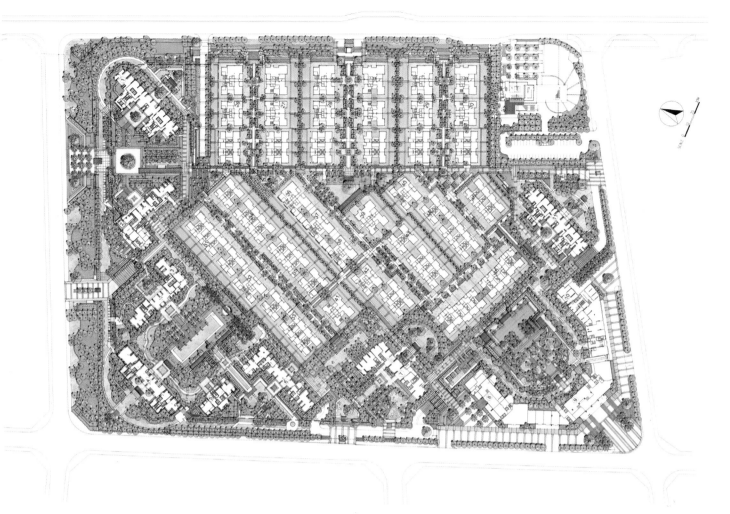

平面图

植物配置：小叶榄仁 + 羊蹄甲 + 鸡蛋花 + 香樟 + 大花紫薇 - 蜘蛛兰 + 非洲茉莉球 + 银边山菅兰 + 金叶假连翘

点评：大片的矩形草坪和以往自由式草坪有所不一样，显得方正、规整。小区楼宇间栽植着树形优美的小叶榄仁，每到春季发芽时，新叶嫩绿，枝条舒展也是一种风景。

植物名称：蜘蛛兰
又名水鬼蕉，喜温暖湿润的气候，不耐寒。蜘蛛兰植株形状别致，花色洁白，花形飘逸，蜘蛛兰栽植在水景边，飘逸的枝叶倒映在水中，十分美丽。

植物名称：鸡蛋花
落叶小乔木，也称为缅栀子。鸡蛋花因其花而闻名。花外围为乳白色，中心为淡黄色，花香浓郁，夏季盛花期，景致优美。鸡蛋花适合栽植于庭院和草坪。

植物名称：羊蹄甲
常绿乔木，花瓣较狭窄，具长柄，花色为淡粉色，与红花羊蹄甲相比，花朵稍小，花色稍等，开花时枝叶繁茂，是优良的庭院绿化树种和行道树种。

植物名称：小叶榄仁
落叶乔木，主干浑圆挺直，小枝柔软，树形优雅。可以作为庭院树或者行道树。主要分布在广东、广西、香港和台湾等地。

植物名称：香樟
常绿大乔木，树形高大，枝繁叶茂，冠大荫浓，是优良的行道树和庭院树。香樟树可栽植于道路两旁，也可以孤植于草坪中间作孤赏树。

植物名称：大叶紫薇
落叶大乔木，花大色艳，且花期较长。是庭院绿化中较常使用的植物。

植物名称：昆士兰伞木
常绿乔木，也称作澳洲鸭脚木，叶片宽大、奇特，枝叶柔软，呈下垂状态，外形似伞。栽植于墙角、庭院中，与其他植物一同配植，景观效果佳。

植物名称：银边山菅兰
多年生草本植物，叶片秀丽，叶边缘有银白条纹，非常美丽，是美化地被的良好材料。

植物名称：金叶假连翘
常绿灌木，植株较矮小，分支多，密生成簇。广泛应用于我国南方城市街道绿化、庭院绿化。

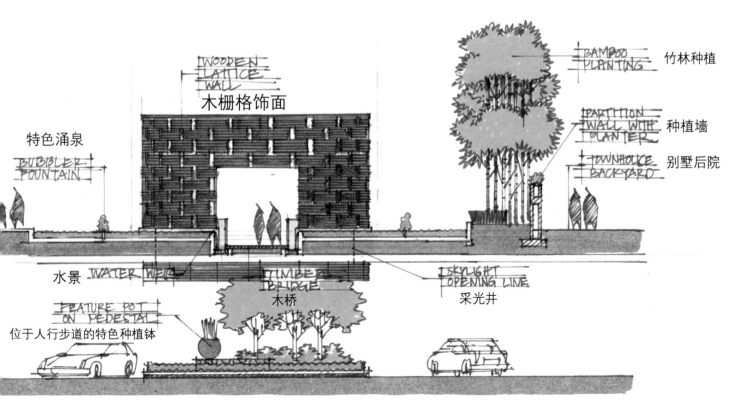

剖面图一

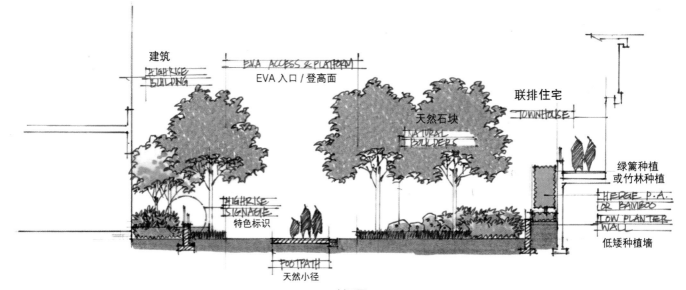

建筑
HIGHRISE BUILDING

EVA ACCESS & PLATFORM
EVA 入口 / 登高面

天然石块
NATURAL BOULDERS

联排住宅
TOWNHOUSE

HIGHRISE SIGNAGE
特色标识

绿篱种植
或竹林种植
HEDGE P.A.
OR BAMBOO
LOW PLANTER
WALL

低矮种植墙

FOOTPATH
天然小径

剖面图二

ROYAL PALMS
大王椰

FEATURE SPHERE LIGHTS
特色照明

别墅建筑
TOWNHOUSE
BUILDING

PRIVATE YARD
私家花园

剖面图三

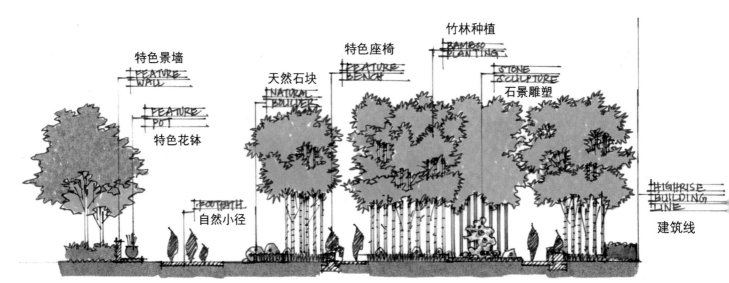

特色景墙
FEATURE WALL

FEATURE POT
特色花钵

天然石块
NATURAL BOULDER

特色座椅
FEATURE BENCH

竹林种植
BAMBOO PLANTING

STONE SCULPTURE
石景雕塑

FOOTPATH
自然小径

HIGHRISE BUILDING LINE
建筑线

剖面图四

植物名称：白兰

常绿乔木，花洁白，有香味，可栽植于庭院、公园和草坪中。是很好的景观观赏植物。

建筑元素：❶ 花架廊（材料：防腐木）、❷ 景观缸

植物配置：香樟 + 白兰 + 红花鸡蛋花 + 红刺林投 + 桂花 - 小蒲葵 + 非洲茉莉球 + 小蚌兰 - 鸢尾

点评：汀步连接着住宅楼和楼前的这片景观，为了让楼前景观不太过于一览无余，木质花廊架设计在住宅楼的大门出入口。静水池中的三只景观装饰缸，色彩浑厚，与周围的红花绿树和谐而统一。

植物名称：小蒲葵

灌木形态蒲葵，叶片大如扇面，植株较高，小蒲葵与高杆蒲葵相比其形态比较低矮，较常配合热带乔木树种搭配栽植。

植物名称：红刺林投

常绿小乔木或灌木，叶色亮绿有光泽，叶缘有红色锐刺，可栽植于庭院、花坛等地作点缀用。

植物名称：非洲茉莉

花期较长，冬夏季均开花，花香淡淡，由于其具有一定的耐修剪能力，可与部分高大乔木搭配栽植，常用于公园，也可用于家居内盆景摆设。

植物名称：鸢尾

鸢尾观赏价值较高，叶片剑形，形态美丽，花型大且美丽，较耐阴，可栽植于林下和墙角边，景观效果好。

▲ 建筑元素：❶ 素面景墙（文化石）

植物配置：早园竹 + 旅人蕉 - 肾蕨 + 沿阶草

点评：一边是文化石波浪景墙，一边是由早园竹、旅人蕉等乔木搭配栽植营造的植物屏障，中间是户外木质走道，设计师通过属性不同的材料打造了一条具有半私密性的游道。在太阳快落山时，夕阳透过竹林将旅人蕉的剪影投射到景墙上，看起来似乎是一副油墨画，也像是一张中国传统剪纸。植物和石材在这里将光与影的艺术展现得淋漓精致。

植物名称：早园竹
别名雷竹，禾本科刚竹属下的一个种，是观形、观叶的禾本科植物，广泛分布于我国华北、华中及华南各地。

植物名称：沿阶草
终年常绿，叶色淡绿，花直立挺拔，花色淡紫，是良好的观叶植物。可栽植于灌木丛下或林下。

植物名称：旅人蕉
常绿草本植物，叶片硕大，状似芭蕉，株形高大而秀丽，常栽植于景墙边和山石后，与棕榈科植物搭配栽植，景观效果更佳。

植物名称：肾蕨
与山石搭配栽植效果好，可作为阴生地被植物布置在墙角、凉亭边、假山上和林下，生长迅速，易于管理。

植物名称：秋枫
常绿或半常绿大乔木，秋枫树形高大挺拔，树冠圆润，适宜栽植于公园内、风景区等地，也可在草坪和河堤附近栽植，是优良的绿化树种。

植物名称：紫薇
落叶小乔木或灌木，又称为痒痒树，树干光滑，用手抚摸树干，植株会有微微抖动，红花紫薇的花期是 5~8 月，花期较长，观赏价值高。

植物名称：红花檵木

常绿小乔木或灌木，花期长，枝繁叶茂且耐修剪，常用于园林色块、色带材料。与金叶假连翘等搭配栽植，观赏价值高。

建筑元素：**2** 景观大门

植物配置：秋枫 + 水蒲桃 + 红花鸡蛋花 + 紫薇 - 小蒲葵 + 红花檵木球 + 花叶假连翘 - 雪茄花

点评：小区的出入口设计在整个居住区设计中非常重要，它关乎消防、急救和生活便捷等多方面，其周边的景观设计也同样重要。舒缓的草坪铺装，结合着游步道硬质铺装，让小区环境不再显得单调，更增加了绿意。出入口门禁处栽植着枝繁叶茂的大树，在夏日为进出频繁的业主和在此处玩耍的小朋友们提供了一片阴凉。

植物名称：丛生水蒲桃

常绿乔木，树形高大，分支低，枝叶繁茂，树冠葱郁似伞状。可以栽植于道路两旁或者多带式道路中间作行道树，也可栽植于湖畔、草坪空旷地作风景绿化树种。

植物名称：红花鸡蛋花

落叶小乔木，也称为缅栀子。鸡蛋花因其花而闻名。花粉红色，花香浓郁，夏季盛花期，景致优美。鸡蛋花适合栽植于庭院和草坪，光秃、自然弯曲的树干以及聚生于枝顶的花也可与其他景观树搭配栽植。

植物名称：花叶假连翘

常绿灌木，中国南方广为栽培。花蓝色或淡蓝紫色，花期5 ～ 10月，可修剪成形，丛植于草坪或与其他树种搭配，也可作绿篱，还可与其他彩色植物组成模纹花坛。

植物名称：雪茄花

雪茄花以花形似"雪茄"而得名，株高约30 ～ 40 厘米，盆栽约10cm即能开花，花朵无瓣，由鲜红色筒状花萼组成，形态殊稚，几乎全年都能开花，以夏季最盛，很受喜爱。

▲ 建筑元素：❶ 弧形景墙（材料：木栅栏）

植物配置：白兰 + 旅人蕉 + 早园竹 + 中东海枣 + 四季桂 + 鸡蛋花 + 羊蹄甲 - 金叶假连翘 + 洒金榕 - 肾蕨

点评：木栅栏饰面景墙呈圆弧形，将景墙后的水景环抱其中。两旁的中东海枣、旅人蕉和鸡蛋花配合着涌泉水景，颇有一番热带风情。

植物名称：四季桂
木樨科桂花的变种，花色稍白，花香较淡，因其能够一年四季开花，故被称为四季桂。是园林绿化的优良树种。

植物名称：中东海枣
树形高大，叶片和其他棕榈科植物一样丛生于顶部，是具有较高观赏价值的树种，可与鸡蛋花、苏铁、老人葵等一起栽植营造亚热带景观风情。

植物名称：洒金榕
革质叶片色彩鲜艳、光亮，常用作盆栽材料，是优良的观叶树种。可栽植于公园、绿地等地。

正荣莆田御品世家

设计公司：普梵思洛（亚洲）景观规划设计事务所
项目地点：福建省莆田市
项目面积：33600m²

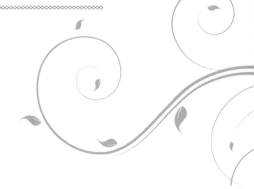

（1）建筑

建筑风格：新古典主义

建筑特点：项目建筑立面采用新古典建筑风格，突出建筑色彩及体量，强调建筑细节，丰富的虚实对比，体现"典雅尊贵及优雅"的特色和风格。建筑南北朝向，有利于自然通风，减少阳光东、西向的照射，对组团景观的营造创造了有利条件。

（2）景观

景观风格：泛东南亚泰式

景观特点：景观风格定位为东南亚风情园林追求精致，自然和人文特色。浓郁的风情味、悠闲的度假感、宜人舒适的尺度感，同时具有步移景异的景观视线，丰富多彩的景观细部，具有独特的韵味，唯一性和差异性，力求营造人居向往的休闲舒适，安逸的生活方式。

景观植物：乔木层——糖胶树、香柚、冬青、杨梅、银叶金合欢、桂花、旅人蕉、四季桂、银海枣、锦叶榄仁、铁东青、黄槿、鸡冠刺桐、狐尾椰子、鱼尾葵、鸡蛋花、喜树、三角椰、小叶榕、柑橘、爪哇木棉、美丽针葵等

灌木层——非洲茉莉、红绒球、海桐、花叶良姜、红花檵木、大叶青铁等

地被层——鹅掌柴、雪茄花、肾蕨等

项目总用地面积为33600m²，位于莆田市荔城区，地块南面临小西湖公园和莆田第四中学，东面为正荣时代广场，西面为其他住宅用地。整个项目地处三条路的交通环岛内，交通便捷，地势优越。项目定位为高端居住社区，建筑立面采用新古典建筑风格，突出建筑色彩及体量，强调建筑细节和丰富的虚实对比。建筑南北朝向布置，有利于自然通风，减少阳光东、西向的照射，对组团景观的营造创造了有利条件。

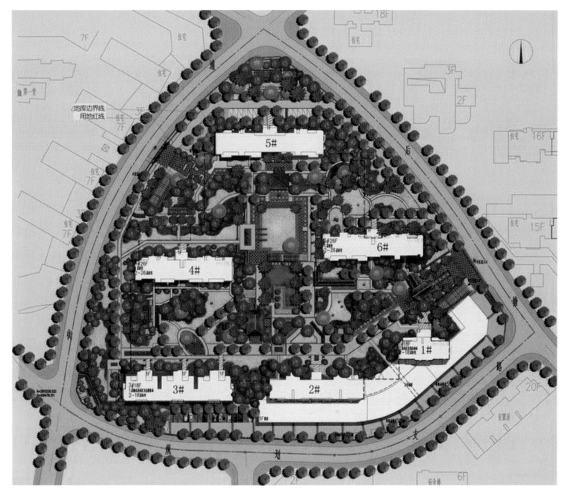

平面图

植物名称：红绒球

常绿灌木，枝叶飘逸，花序呈可爱绒球状，常修剪成球形，可丛植或配植，也可作绿篱。

建筑元素：❶ 泰式构筑物

植物配置：糖胶树 + 香柚 + 杨梅 + 冬青 + 银叶合欢 + 桂花 + 旅人蕉 + 四季桂 + 红绒球 + 银海枣 + 锦叶榄仁 - 非洲茉莉 + 海桐 + 花叶良姜 - 鹅掌柴 + 红花檵木 + 肾蕨

点评：东南亚风格园林景观，以常绿植物为主，一年四季景色常青，给人清新、自然、舒适的感觉。

植物名称：四季桂

木樨科桂花的变种，花色稍白，花香较淡，因其能够一年四季开花，故被称为四季桂。栽植于小区内部的四季桂，四季常开，花香馥郁。

植物名称：糖胶树

常绿大乔木，又称作盆架子，树形优美，终年常绿，叶片轮生，类似鹅掌柴，可栽植于庭院内和公园，糖胶树郁郁葱葱，叶色翠绿，与红顶观景亭形成鲜明对比。

植物名称：黄槿

常绿小乔木，花色金黄，花期较长，几近全年开花，尤以夏季最盛。可栽植于道路两旁花坛内丰富景观层次，也可栽植于公园、草地缓坡等地。

植物名称：冬青

常绿乔木，四季常青，枝繁叶茂，是公园、广场、庭院等场所绿化环境的优良树种。园林绿化中有使用灌木状态的冬青，可以作隔离带、防护带等区域的分隔和绿化。

植物名称：锦叶榄仁

树形优美挺拔，枝干舒缓延展，适宜栽植于道路两旁或者庭院内，可作行道树。

植物名称：非洲茉莉

常绿小乔木或灌木，耐修剪，花期较长，冬夏季均开花，花香淡淡，由于其具有一定的耐修剪能力，可与部分高大乔木搭配栽植，常用于公园，也可用于家居内盆景摆设。

植物名称：杨梅
小乔木或灌木，树冠饱满，枝叶繁茂，夏季满树红果，甚为可爱，可作点景或用作庭荫树，更是良好的经济型景观树种。

植物名称：银叶金合欢
树形优美，冬季时节会盛开具有芳香的金黄色球状花，嫩叶初为银白色，似羽毛一般，成熟后转为银绿色，是优良的庭院绿化树种。适宜栽植于山坡、凉亭旁和水岸边。

植物名称：睡莲
多年生水生草本植物，浮水花卉，花期为6~9月，睡莲花形飘逸，花色丰富，花小巧可人，在现代园林水景中，是重要的造景植物。

植物名称：香柚
常绿乔木，是经济树种，其果实圆润、水分充足，是常见的水果。香柚树可栽植于庭院中，春季观叶，秋季观果，具有较高经济价值之余，也是良好的庭院绿化树种。

植物名称：桂花
常绿小乔木，又可分为金桂、银桂、月桂、丹桂等品种。在东南亚风格的小区环境内，桂花的风格特色并不突出，但其叶片常绿，花香馥郁，是装点景观的良好材料。

植物名称：旅人蕉
常绿草本植物，叶片硕大，状似芭蕉，株形高大而秀丽，常栽植于景墙边和山石后，与棕榈科植物搭配栽植，景观效果更佳。旅人蕉叶片宽大亮绿，是热带景观中常见的植物。颇具东南亚热带风情。

植物名称：银海枣
银海枣是棕榈科刺葵属的植物，其具有耐炎热、耐干旱、耐水淹等习性，其树形高大挺拔，树冠似伞状打开，可与其他棕榈科植物搭配栽植营造热带风情景观。

植物名称：花叶良姜
叶片艳丽，花姿优雅，是观赏价值较高的观花、观叶植物。常栽植于庭院、水边和池畔。

植物名称：红花檵木
常绿小乔木或灌木，花期长，枝繁叶茂且耐修剪，常用于园林色块、色带材料。修剪成带状的红花檵木，株形低矮，颜色鲜艳，是良好的地被装饰植物。

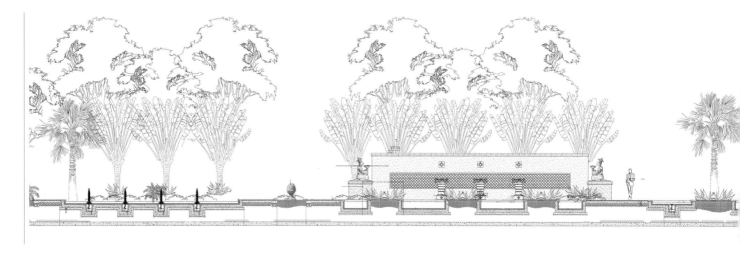

剖面图一

剖面图二

剖面图三

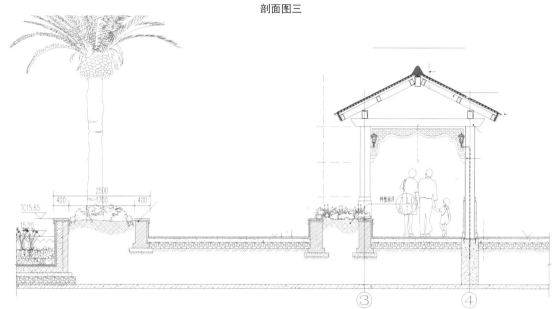

剖面图四

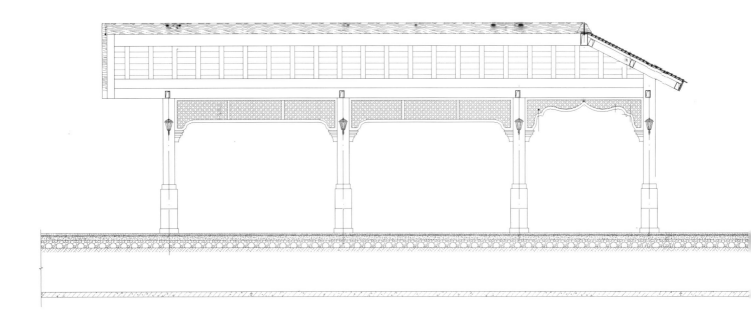

剖面图五

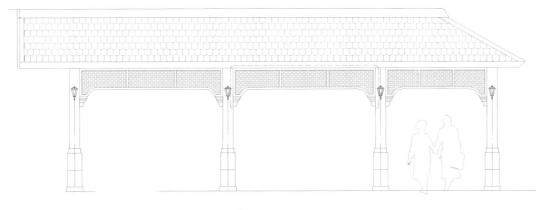

立面图一

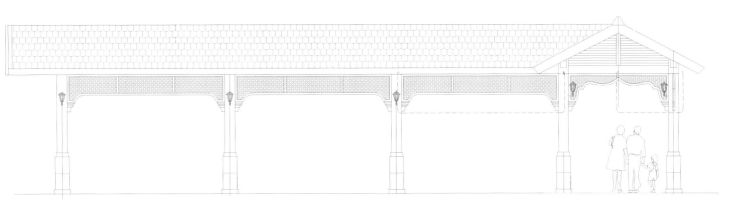

立面图二

植物名称：雪茄花
叶片对生，叶革质，全年均可开花，夏季最盛。花色紫红而花朵小巧，植株较低矮，适宜栽植于花坛、花境中，躲藏在大叶青铁碧绿的叶片下，两种不同形态的植物，形成了反差。

植物名称：铁冬青
冬青的一种，常绿乔木或灌木，四季常青，枝繁叶茂，叶片较厚，不易燃烧，是营造防火林的优良树种。其叶色墨绿，其花色淡黄，其枝条紫红，其果实红艳，是具有较高观赏价值的园林绿化树种。

植物名称：海桐
叶态光滑浓绿，四季常青，可修剪为绿篱或球形灌木用于多种园林造景，而良好的抗性又使之成为防火防风林中的重要树种。看似随意散漫栽植的海桐球，让一些没有规律的植物设计变得更加随性洒脱。

植物名称：鸡冠刺桐
又称为象牙红，因状似鸡冠，故被称为"鸡冠刺桐"。花开红艳，花期长，约4~7月，可栽植于庭院供欣赏，也可应用于道路绿化。鸡冠刺桐孤植于庭院一角，配植部分地被植物，景观效果佳。

植物名称：鱼骨葵
棕榈科常绿丛生灌木，叶片巨大，叶形似羽毛，株形美丽，可与棕榈科其他植物如大王椰、狐尾葵和老人葵等搭配栽植，也可孤植于庭院或公园草坪等地。

植物名称：狐尾椰子
棕榈科植物，树形优美，叶如狐尾，适合列植、丛植或群植于草坪一隅。

植物名称：肾蕨
与山石搭配栽植效果好，可作为阴生地被植物布置在墙角、凉亭边、假山上和林下，生长迅速，易于管理。鸡蛋花下的肾蕨叶片碧绿。

植物配置：银海枣 + 铁冬青 + 黄槿 + 鸡冠刺桐 + 狐尾椰子 + 鱼骨葵 + 鸡蛋花 - 大叶青铁 + 海桐 - 肾蕨 + 雪茄花

点评：狐尾椰子、鱼骨葵、鸡蛋花和银海枣等是营造热带风情景观的优良材料，狐尾椰子树形高大，叶片丛生枝顶，叶片垂落下来似狐狸尾巴，和银海枣、苏铁等棕榈科植物搭配栽植很容易打造海岛风情。

建筑元素：❶ 泰式小品、❷ 泰式景墙

植物配置：喜树 + 三角椰 + 小叶榕 - 大叶青铁 - 雪茄花

点评：泰式景观矮墙和雕塑小品让喜树、小叶榕和三角椰等乔灌木植物与草坪地被之间衔接得更加自然，景观矮墙中间镂空，有中式造园框景的效果。大叶青铁叶片翠绿，栽植在景观矮墙下，丰富了景观层次。

植物名称：喜树
落叶乔木，为我国特产，具有药用经济价值，树冠宽广，也可用于园林绿化使用。适宜作为行道树、庭荫树栽植。

植物名称：三角椰
热带树种，株形奇特美观，可与鱼尾葵、老人葵等热带树种搭配栽植营造热带风情的景观。

植物名称：小叶榕
又称为雅榕，生长较快，根系发达，树冠大而荫郁，是较好的庭院树种。景观墙后选用了树形不太高挑的小叶榕作为背景，让绿意透过镂空的景墙。

植物名称：金叶假连翘
常绿灌木，植株较矮小，分支多，密生成簇。广泛应用于我国南方城市街道绿化、庭院绿化。就像是黄金榕球下的植物地毯一样，低矮的金叶假连翘让草坪上的景观更加富有层次。

植物名称：黄金榕
常绿小乔木或灌木，树冠广阔，叶片金黄且有光泽，喜光耐修剪，此处黄金榕修剪成球状栽植于小区园路旁的草坪上，圆润的造型能更加轻松地融入整体环境里。

植物名称：柑橘
常见果树，因其枝叶繁茂、果实大而色彩鲜艳，果实成熟挂于枝头，具有一定的观赏价值。

建筑元素：❸ 泰式草坪灯、❹ 泰式花钵

植物配置：铁冬青 + 柑橘 + 爪哇木棉 + 香柚 + 美丽针葵 + 黄榕球 + 银叶合欢 - 大叶青铁 + 红铁 + 花叶连翘 - 雪茄花 + 金叶假连翘

点评：干净利落的景观草坪绿意盎然，中间一列泰式草坪灯让大片的草坪显得不再单调，同时也和泰式凉亭、泰式花钵以及雕塑小品在风格上保持一致。此处乔木栽植包括有铁冬青、柑橘、香柚以及爪哇木棉等多种，在不同季节，可以达到观叶、赏花、品果的景观效果。

植物名称：红铁
即朱蕉，灌木植物，其形美观，色彩艳丽独特，花淡红色，是具有较高观赏价值的观花、观叶植物。常与旅人蕉、棕竹、鹅掌柴配植，可栽植于高大乔木下或石边，为绿丛中带了一抹艳丽的红。

植物名称：爪哇木棉
树形高大，花姿优美。可孤植、列植于缓坡草地或道路两旁，是观赏价值较高的园林绿化树种。

植物名称：美丽针葵
常绿小乔木或灌木，又称作软叶针葵。美丽针葵姿态优美，是良好的观叶植物，与棕榈科其他乔木、灌木搭配栽植，能营造浓郁的热带风情。

植物名称：花叶连翘
叶色斑驳。叶边缘金黄，是观赏价值较高的灌木树种，可栽植于花坛中，可修剪成条状、带状或者球状，搭配其他灌木，营造丰富的景观效果。

建筑元素：❶ 泰式陶罐、❷ 泰式景墙

植物配置：狐尾椰子 + 鱼骨葵 + 鸡冠刺桐 + 黄槿 + 鸡蛋花 - 雪茄花

心天母

设计公司：绿第景观有限公司
项目地点：台湾省桃园市
项目面积：3702.7m²

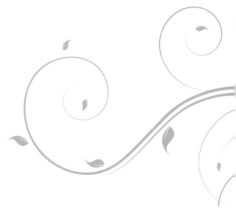

（1）建筑

建筑风格： 新古典主义建筑风格

建筑特点： 项目建筑风格色调古典淡雅，高耸挺拔，摩登的形体赋予了其古老、高贵的气质。新古典主义建筑风格在延续传统欧式风格的基础上，摒弃了许多繁复的花纹雕刻和肌理设计，展现了更加简洁的线条，明亮的设计轮廓。材质和色彩方面依旧没有太大的改变，建筑物一般体量高大，有较高的立柱，石材运用较多，白色、金色、黄色等色彩是其主色调。

（2）景观

景观风格： 现代简约

景观特点： 中庭空间整体以圆形和弧线为主要元素，穿插部分方形及长方形，利用各种几何图形，以椭圆水池为轴心放射性地发展整个空间。其中横越一条直线的廊道空间，架设造型灯具，塑造夜间的灯光效果，而中庭的大面积水池也为整体空间添增活泼感，水池以两阶跌水的方式呈现，并设置喷泉设施增加趣味性，可穿越透明玻璃围栏的水中步道欣赏水景，水池旁种植枝条飘逸的白水木，增添水池的幽静的氛围，中央挑高近2m的圆形休憩平台坐落于水池的一角，于大树遮蔽下可俯瞰中庭景观，并以高低差设计大片的拼贴。整体水池有如中庭中的一面明镜，不仅倒映出建筑立面之美，也将大自然的蓝天白云、四季变化等美丽景色融入于生活之中。水池旁的休憩平台周遭以乔木围塑空间，并以扇形铺面形式汇聚至此，使其成为中庭的焦点，不仅提供居民休息聊天的空间，也是沉淀心灵的好去处。外侧人行步道广场上点缀三个圆形植栽槽，在规则的铺面序列中创造活泼的感受。

景观植物： 乔木层——风铃木、落羽杉、光蜡树、桂花、台湾栾树、黄连木、扁樱桃、鸡蛋花、女贞、白水木、露兜树等

灌木层——南天竹、鹅掌柴、红铁书、黄金五爪木、金边龙舌兰、野牡丹、赤楠、海芋、小天使蔓绿绒等

地被层——大叶油草、巴西鸢尾、紫花马缨丹等

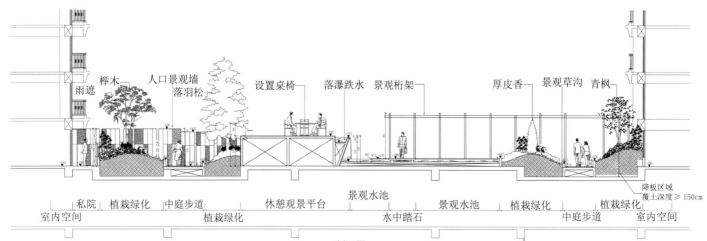

剖面图

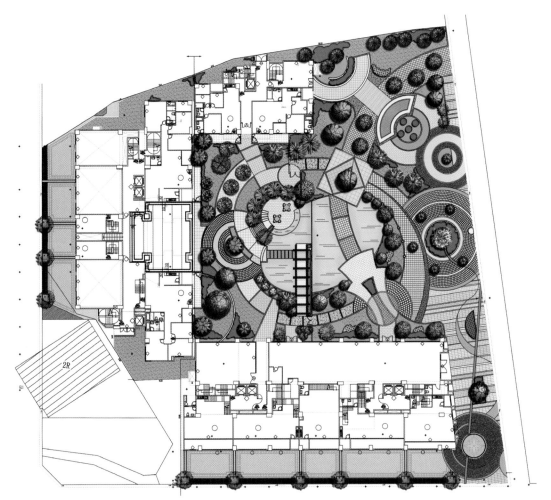

平面图

植物名称：光蜡树
半落叶型的乔木树种，是台湾的乡土树种，其叶片亮绿有淡淡的光泽，其花呈圆锥花序，花朵小而繁密，其果实为翅荚状，呈串挂于枝头，可以作行道树、园林观赏树种栽植于公园等地。

建筑元素：❶ 抬高地势而建的休息平台

植物配置： 光蜡树 + 南天竹 + 鸡爪槭 + 落羽杉 + 桂花 + 女贞 - 鹅掌柴 - 合果芋 + 大叶油草

点评： 以落羽杉为围合材料，将休息平台打造为一个半私密性的休闲空间。人们可以坐在平台的休息区内闲谈、休息，运用植物作简单的围合，恰似一道自然的屏障，隔绝了园路来往的行人脚步声和孩子们嬉戏打闹的玩耍声。落羽杉下栽植了一圈鹅掌柴，因其耐阴的特点，栽植于疏林下显得额外郁郁葱葱。

植物名称：南天竹
常绿木本小灌木。南天竹叶片互生，到秋季时叶片转红，并伴有红果，株形秀丽优雅。南天竹一般株形比较低矮，此处栽植的南天竹，高度较高，景墙设计为镂空，可以从居民楼方向看见景墙后的南天竹。秋季叶色变红后，更是美观。

植物名称：合果芋
藤本植物，由于其攀缘性强，所以可以用作垂直绿化材料，叶片翠绿，叶片较大，可以栽植在墙头或立交桥下。

植物名称：鸡爪槭
落叶小乔木，叶形优美，入秋变红，色彩鲜艳，是优良的观叶树种。

植物名称：落羽杉
落叶乔木，春季发芽时清新秀丽，夏季则枝叶茂盛，入秋变成黄褐色，四季景色不同，而其挺拔的树形则常作为背景林或在水边栽植观其倒影。落羽杉似围墙一般，围绕观景平台呈弧形栽植，为小区里打造了一个自然半封闭的优雅环境。

植物名称：鹅掌柴
是较常见的盆栽植物，也可栽植于林下，营造不同层次的园林景观。栽植在观景平台下的鹅掌柴，很好地遮挡了建筑基角。

植物名称：大叶油草
暖季型多年生草坪草，也称地毯草，喜温暖湿润的气候，耐贫瘠。

鸿筑建设"心天母"
1/300

植栽图例及数量说明表

类别	图例	植栽名称	图示			数量(单位:株)
			H	Ø	W	
乔木及小乔木		光蜡树	650	20	350	5
		落羽松	600	10	300	5
		茄苳	500	25	300	1
		露兜树	450	30	300	2
		白水木	220	10	120	8
		黄连木	400	8	200	5
		榉木	400	12	250	2
		福木	350	12	200	8
		台湾栾树	550	10	250	13
		杨梅	350	10	200	2
		青枫	300	8	200	7
		鸟心石	250	7	150	2
		厚皮香	280	5	150	3
		黄椰子	900	-	350	6
		马茶花	300	4	150	
		樱花	400	6	150	6
		整形龙柏	250	9	150	1
		香苹婆	600	35	300	1
		女贞	300	4	150	3
		枫香	400	9	200	9
		总计				90
灌木及地被		杜鹃花	25	-	-	
		四季草花	15	-	-	
		草皮				

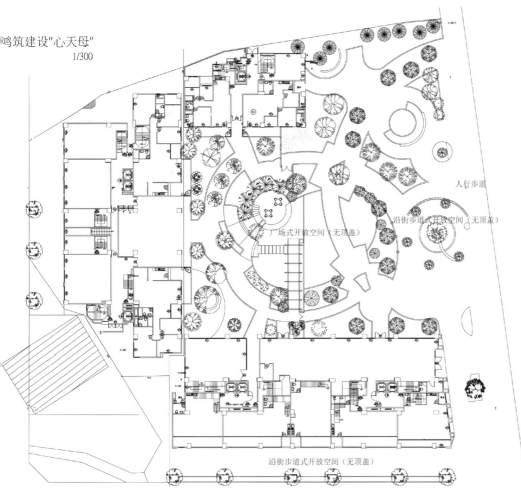

人行步道

广场式开放空间（无顶盖）

沿街步道式开放空间（无顶盖）

沿街步道式开放空间（无顶盖）

平面图

▲ 植物配置：黄连木 + 落羽杉 + 台湾栾树 + 露兜树 + 光蜡树 - 白水木 + 扁樱桃 + 鸡蛋花 - 紫花马缨丹 + 海芋 + 厚叶女贞 + 金叶假连翘 + 野牡丹 + 金叶女贞 + 银纹沿阶草 + 巴西鸢尾 + 朱蕉

点评：住宅楼前的空地上，选用不同种类的常绿灌木植物营造了一个小型环状花坛，花坛的四周由园路包围，形成了一个楼前园路的导流景观。

植物名称：紫花马缨丹
马鞭草科灌木，每年 5～9 月开花。

植物名称：白水木
常绿小乔木，叶片淡绿色，叶身背白色短绒毛。树形优美，白水木是台湾等南方地区较常使用的居住区绿化植物之一。

植物名称：露兜树
常绿小乔木或灌木，海岸边较常见到，是营造滨海景观的良好树种。叶片扁长有韧性。小乔木树形呈三角塔状，别具风情。

植物名称：巴西鸢尾
鸢尾科多年生草本植物，叶形似剑，叶色翠绿，适合丛植于林下呈带状分布，花期时花开如锦带，十分美丽。

植物名称：朱蕉
灌木植物，其形美观，色彩艳丽独特，花淡红色，是具有较高观赏价值的观花、观叶植物。常与旅人蕉、棕竹、鹅掌柴配植，可栽植于高大乔木下或石边，为绿丛中带了一抹艳丽的红。

植物名称：黄连木
早春嫩叶红色，秋叶色泽橙黄或红色，叶色艳丽，搭配常绿树种栽植于庭院、公园和小区内，也可与枫香、鸡爪槭等树种混合配置营造大片秋色红叶林景观，景观效果极佳。也可作行道树。

植物名称：赤楠
叶片小而卵形，叶革质，较有光泽。其枝干苍劲有韵味，是制作盆景的良好材料，偶尔也会作为景观观赏树种栽植于园林中，其形态有灌木或者小乔木。

植物名称：扁樱桃
常绿小乔木或者灌木，叶片卵形，革质有光泽，具有一定的观赏价值，可栽植于园内作园景树或者盆栽。

建筑元素：❶ 景墙（材料：唐山黄天然凸面）

植物配置：黄连木 + 台湾栾树 + 扁樱桃 - 南天竹 - 赤楠 - 合果芋 + 大叶油草

点评：休憩区旁以造型景观墙作为社区中庭及公共广场空间上的分界，以局部镂空的景观墙增加中庭内外的通透性。在多层次、多样性的植栽配景设计之下，加上水元素的导入，提供居民听觉与视觉上不同的景观飨宴。

▲ 建筑元素：❶ 景观桁架

植物配置：风铃木 + 桂花 + 台湾栾树 + 鸡蛋花 + 垂叶女贞 - 芦莉 + 小天使蔓绿绒 + 女贞

点评：现代、简约的景观廊架搭配一池碧蓝的水景，干净、整齐的水上汀步让人感觉似乎正位于某一处海滨度假酒店内。

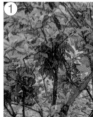

植物名称：风铃木
落叶乔木，春天来临时，其花开满枝头，有黄花、红花等不同种类，随春风拂动枝条，花瓣落满地，美丽非凡，栽植在水景旁的风铃木，虽然看起来很平淡无奇，但是当花期来临时，满树黄花或红花，十分惊艳。

植物名称：桂花
常绿小灌木，多分枝，小叶密生，叶形小巧，叶色亮绿，具有较好的观赏价值。桂花树形美丽，秋季花香阵阵，栽植在水景旁，与其他乔木搭配栽植，丰富景观。

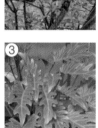

植物名称：小天使蔓绿绒
小型多年生草本植物，叶片碧绿，叶形较大且叶片深裂，外形似展开的鸟的羽毛，外形与春羽十分相似，同样也是栽植于水岸池边的良好景观植物。

植物名称：台湾栾树
台湾原生特有树种，落叶乔木，与我们通常见到的栾树的生长习性和外形差别不大，但目前只分布在台湾地区，其他地区未见。是良好的庭院、景观绿化树种。

植物名称：鸡蛋花
落叶小乔木，夏季盛花期，景致优美。鸡蛋花适合栽植于庭院和草坪，光秃、自然弯曲的树干以及聚生于枝顶的白花也可与其他景观树搭配栽植。

植物名称：女贞
枝叶茂密，株形整齐，是园林中常用的绿化树种，可孤植、丛植于庭院和广场，也可修剪整齐后作绿篱使用。

植物配置：鸡蛋花 + 台湾栾树 - 海芋 + 野牡丹 + 金边龙舌兰 + 长红木 + 龟背竹 - 银纹沿阶草 + 黄金五爪木

点评：树形古朴、别致的鸡蛋花，叶片浓绿似伞状的海芋，再加上花色鲜艳、娇嫩的野牡丹，把原本平淡的水池岸边装点得格外美丽。水池中间有小型喷泉，在这花草绿叶丛中，轻轻的水流击打水面的声音让这一处景观显得更加寂静。

植物名称：海芋
天南星科，多年生草本，大型喜阴观叶植物，林荫下片植，叶形和色彩都具有观赏价值。鸡蛋花、海芋以及春羽是南方地区打造丰富水岸景色的常见景观植物。

植物名称：野牡丹
常绿灌木，花期在夏季，花朵色彩艳丽，栽植在草坪边缘或者水边，观赏价值高，微风细雨过后，紫红色花朵散落一地，别有一番风味。

植物名称：金边龙舌兰
多年生常绿草本，叶片坚挺美观，四季常青，园艺品种较多，可栽植在花坛中心、草坪一角，能增添热带氛围。

植物名称：长红木
桃金娘科蒲桃属的植物，在台湾地区较常使用，其树冠广阔，四季常青，是具有较高观赏价值的热带果树和庭院树种。

植物名称：银纹沿阶草
终年常绿，叶色淡绿，叶面有银白色纵纹。花直立挺拔，花色淡紫，是良好的观叶植物。可栽植于灌木丛下或林下。

植物名称：龟背竹
常绿藤本观叶植物，株形优美，叶形奇特，由于其具有较强的耐阴性，可以栽植于阴生植物区域，也可栽植于疏林下丰富植物群落层次。

植物名称：黄金五爪木
常绿小灌木，叶色四季常青，叶片上有条状金黄色纹路。叶片狭窄细长呈深裂状态，似动物爪子，革质有光泽。较耐阴，是栽植于林下丰富景观层次的良好植物，也可栽植于室内作观赏植物。

中惠·松湖城

设计公司：GVL 怡境国际设计集团
项目地点：广东省东莞市
项目面积：64295m²

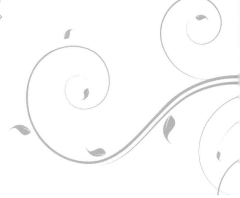

（1）建筑

建筑风格：现代建筑风格

建筑特点：中惠松湖城是由中惠熙元房地产集团倾力打造的首个松湖北私属湖岸别墅生活住区，整个小区依傍约 6 万 m² 原生态金山湖畔而建，沿湖环境优美，波光潋滟。其建筑风格为现代简约风格，建筑立面利落干净，没有复杂的纹饰和雕花工艺，项目内的建筑形态统一一致，建筑色调不夸张，不夺目，能够更好地突出项目内的自然景观风光。

（2）景观

景观风格：东南亚园林风格

景观特点：景观设计以"枕湖掬水"为规划主题，以湖居生活构筑整个社区文化，打造移步异景的活水生态居所。北区高层组团以精致的小园林为主，利用高层区与别墅间的带状空间，营造亲水的自然休闲空间；南高层组团设置简洁、大气的泳池，利用动态与静态水景的组合，结合趣味小品，营造丰富休闲体验；商业街区从营造整体氛围出发，通过对整体铺装、灯光的设计，设置互动性景观以增强整体感；市政滨湖区通过设置滨水步道、平台，绿化上采用多层次立体配植，形成错落有致的自然驳岸景观。

灵动的水轴流线，让园林、水景与建筑自然融合，无边际泳池、亲水平台、景观小亭、休闲广场等，精雕细琢出东南亚贵族风情园林的意蕴，每一次回家，都像一场畅游花园、湖畔的身心之旅，带给人舒心惬意的感觉。

项目内设计材料：

立面：中国黑花岗石光面；黄金沙花岗石荔枝面；金沙花岗石荔枝面；黄金沙花岗石重凿面；中国黑花岗石抛光面；深灰色火山石细孔光面；深灰色火山石自然面

铺装：深灰色火山石细孔抛光面；黑色卵石散置；银白色不锈钢拉丝面；中国黑花岗石烧面仿古刷；黄锈石花岗石荔枝面；黄锈石花岗石重凿面；黄金沙花岗石荔枝面。

景观植物：乔木层——秋枫、丛生香樟、杨梅、丛生柚子、鸡蛋花、细叶榄仁、水石榕、尖叶杜英等

灌木层——垂榕、澳洲鸭脚木、紫薇、千层金、苏铁、龙血树、红鸟蕉、七彩马尾铁、海桐球、三角梅、红继木球等

地被层——亮叶朱蕉、红背桂、大红花、海南洒金、黄连翘、鸢尾、毛杜鹃、花叶良姜、天堂鸟、肾蕨、满天星等

水生植物——菖蒲、再力花等

中惠·松湖城是由中惠熙元倾力打造的首个松湖北私属湖岸别墅生活住区。项目紧邻松山湖高新科技园及东莞生态园，尽收 6 万 m² 壮阔金山湖美景，交通网络四通八达，辐射 R1 轻轨线、莞樟路、生态园大道及新城大道等。

植物名称：红花鸡蛋花

落叶灌木或小乔木。鸡蛋花夏季开红花，姿态优雅饱满。落叶后光秃的树干弯曲自然，适合庭院、草地种植。

植物配置：细叶榄仁 + 垂榕 - 鸡蛋花 + 苏铁 + 朱蕉 - 满天星 + 假连翘

点评：此处节点乔木方面主要选择有落叶的细叶榄仁，常绿的垂榕；灌木方面有开花落叶的鸡蛋花，色叶植物朱蕉和裸子植物苏铁；地被方面，则选用满天星作地被收边，搭配假连翘。此处节点的绿化造景常绿与落叶、色叶搭配，并且植物叶形赋予变化。点缀苏铁和搭配朱蕉，使组团搭配更具风情。

植物名称：朱蕉

又称"红铁"。百合科、朱蕉属灌木植物。主茎挺拔，叶子红色或紫红色，为观叶植物。园林景观中常作为点缀。

植物名称：苏铁

苏铁科裸子植物。一回羽状复叶，叶片先端尖锐，边缘向下卷曲，暗绿色，有光泽，硬质。一般用作观赏。

植物名称：垂叶榕

常绿灌木或乔木。树皮呈灰色，平滑；小枝下垂，叶薄革质。喜高温多湿气候，易于修剪。

植物名称：细叶榄仁

落叶乔木。主干浑圆挺直，枝丫自然分层轮生于主干四周。树形优雅，为良好的园林树种，也常作行道树使用。

植物配置：丛生香樟 + 水石榕 + 细叶榄仁 - 鸡蛋花 + 龙血树 + 红檵木球 + 黄榕球 - 朱蕉 + 朱槿 + 满天星 + 假连翘

点评：此处入口节点乔木方面主要选择有树形优美的丛生香樟作为组团大树，搭配树冠整齐分层的水石榕和细叶榄仁；灌木方面有具有热带风情的龙血树、鸡蛋花和修剪成球状的黄榕和红檵木；地被方面选用观叶植物朱蕉与景墙立面搭配，并选用朱槿、满天星、假连翘等具有叶形变化的开花地被。

植物名称：丛生香樟
丛生常绿大乔木，树冠广展，枝叶茂密，气势雄伟，是优良的绿化树、行道树及庭荫树。

植物名称：水石榕
常绿小乔木。树冠整齐成层，枝条无毛。叶子聚集在顶端生长，狭披针形或倒披针形。

植物名称：朱槿
又称"大红花"常绿灌木。叶片阔卵形，花单生于上部叶腋间，常下垂。花期全年，有玫瑰红、淡红、淡黄等花色。

植物名称：满天星
多年生草本地被。高 30~80cm，花梗纤细，花小而多，花期 6~8月。绿化景观中常用于地被收边。

植物名称：鸡蛋花
落叶灌木或小乔木。鸡蛋花夏季开花，清香优雅。落叶后光秃的树干自然弯曲，适合庭院、草地种植。

植物名称：三角梅
常绿灌木或小乔木，可修剪成盆景树亦可呈攀缘状生长。在南方三角梅常年开花。

植物名称：花叶良姜
又称"花叶艳山姜"。是姜科多年生草本植物。其叶色艳丽，花姿优美，是非常有观赏价值的观叶、观花植物，常用作点缀植物。

植物名称：假连翘
常绿灌木或地被。假连翘为观花、观果植物。花期长，以 5~9 月为主花期；全年有果，以 6~11为成熟盛期。

植物配置：丛生香樟 + 鸡蛋花 - 三角梅 + 灰莉球 - 假连翘 + 花叶良姜 + 朱蕉

点评：此处节点乔木方面主要选择有常绿且造型优美的丛生香樟作为景观大树，搭配开花落叶的鸡蛋花；灌木方面有常绿饱满的灰莉球和开花的三角梅，地被方面，则选用满天星作为地被的收边，搭配朱槿和假连翘，在转角处或角位点缀花叶良姜。

植物配置：丛生香樟、黄金间碧竹＋龙血树、芭蕉、黄榕球＋花叶良姜、肾蕨、鹤望兰

点评：此处节点为中庭，植物配置品种选取具有热带风情的植物。乔木方面，树形姣好，丛生香樟作为节点的最高层，周边搭配龙血树、芭蕉等热带风情性的植物，而建筑立面选用竹子软化铺装，并选用肾蕨作为地被与竹子搭配；水景处则选用鹤望兰、花叶良姜、肾蕨等风情植物造景。

植物名称：黄金间碧竹
乔木型竹，大型丛生竹。黄金间碧竹底色为黄色，间绿色条纹。生长快，适应性强，易繁殖。

植物名称：龙血树
常绿灌木或小乔木。皮灰色，叶无柄，密生于茎顶部，厚纸质，宽条形或披针形。花白色，有芳香。常作为观赏栽培植物。

植物名称：鹤望兰
多年生草本植物，无茎。叶片顶端急尖，四季常绿，花型奇特。可植于院角，用于庭院造景点景。

植物名称：肾蕨
附生或土生植物。叶簇生，浅绿色，略有光泽。叶片线状针形或狭披针形，常种植于水边或石头周边。

建筑植物配置——私家庭院

南方篇

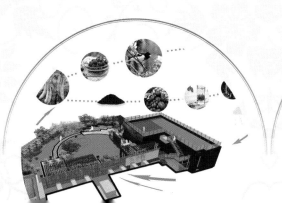
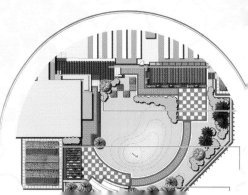

森之丘

设计公司：绿第景观有限公司
项目地点：台湾省桃园市
项目面积：60.67m²

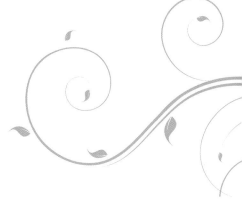

（1）建筑

建筑风格：现代建筑风格

建筑特点：现代建筑风格在形态方面比较单一和简洁，整齐的建筑立面，常见的建筑材料与不过分缤纷的建筑色彩让整个建筑整体能够更加自然地融入其周边环境和景观中。

（2）景观

景观风格：日式庭院风格、南洋庭院风格

景观特点：森之丘吴公馆的庭院绿化主要分为前后两院，前院位于进入客厅的主动线旁，希望为屋主打造一个可观赏可走入的景观视觉焦点，以整形罗汉松为主树，搭配水钵及卵石干景，营造整体日式氛围。

南洋风格的庭院运用较多的热带植物，一般常绿树种居多，整体景观给人一片绿意盎然的景象。

景观植物：乔木层——肉桂、罗汉松、希美丽、鸡蛋花、桂花

灌木层——黄斑百合竹、南天竹、金叶假连翘、斑叶海桐、树兰、白水木、朱蕉等

地被层——杜鹃、肾蕨等

天堂鸟
鸡蛋花
（两小株合并一大株）
花岗石围边
现有躺椅

雕塑配景

白水木
埔里石

醉娇花

种植茶花

玉龙草

大桂花
观音棕竹   整形罗汉松
踏石步道
南天竹

平面图

建筑元素：❶ 石灯、❷ 水笕水钵、❸ 导角花岗岩围边

植物配置：肉桂 + 罗汉松 + 桂花 - 百合竹 + 南天竹 + 金边假连翘 - 赤楠 + 斑叶海桐 + 杜鹃 + 米仔兰 + 黄金五爪木

点评：日式庭院小巧而精致，空间小但层次丰富。罗汉松造型古朴、幽雅，桂花树形饱满，秋季时分，花香馥郁，搭配秋叶红艳的南天竹显得意味深长。小小几平方米的庭院，有绿意，有花香，有禅意，足以。

植物名称：肉桂
中等高大乔木，其树皮具有芳香，通常作为香料植物栽植，树皮可用于烹饪中作香料使用。景观绿化价值不及其经济价值和食用价值。

植物名称：罗汉松
为常见景观树种。由于其针叶形状独特，树形奇异，常用来作独赏树、盆栽树种和花坛花卉。栽植于庭院内的罗汉松，造型古朴，是营造日式风格和中式风格庭院的良好材料。

植物名称：赤楠
叶片小而卵形，叶革质，较有光泽。其枝干苍劲有韵味，是制作盆景的良好材料，偶尔也会作为景观观赏树种栽植于园林中，其形态有灌木或者小乔木。

植物名称：桂花
木樨科木樨属常绿灌木或小乔木，亚热带树种，叶茂而常绿，树龄长久，秋季开花，芳香四溢，是我国特产的观赏花木和芳香树，主要品种有丹桂、金桂、银桂、四季桂。

植物名称：玉龙草
多年生草本植物，植株低矮，叶片油绿，玉龙草也称为矮小沿阶草，其耐阴性强，且具有较高的耐践踏能力，是庭院地被的良好材料。

植物名称：斑叶海桐
叶态光滑浓绿，四季常青，叶片上有点点星斑，可修剪为绿篱或球形灌木用于多种园林造景，斑叶海桐叶色斑驳有特点，抗性强，是庭院绿化的良好材料。

植物名称：百合竹
常绿灌木，叶片碧绿有光泽，是优良的观叶植物。百合竹株形挺立，以白色围墙围背景，突出了其优美的形态。

植物名称：金叶假连翘
常绿灌木，植株较矮小，分支多，密生成簇。广泛应用于我国南方城市街道绿化、庭院绿化。修剪成球状的金叶假连翘栽植于小庭院一隅，使整体空间显得宁静美好。

植物名称：杜鹃
常绿灌木。品种丰富，花色多。庭院面积不大，所以为了考虑到植物种类的丰富性，需要减少植物的数量，杜鹃花虽然数量少，但是花色鲜艳，开花时一样可以营造庭院春色浪漫的感觉。

植物名称：米仔兰
常绿小乔木或者灌木，叶形小巧，花小洁白，且具有浓香。

植物名称：南天竹
常绿小灌木，枝叶细而清雅，花小白色，强光下叶色变红，可点缀或片植，也可作为盆景，中国古典园林常用植物。

植物名称：黄金五爪木
常绿小灌木，叶色四季常青，叶片上有条状金黄色纹路。叶片狭窄细长呈深裂状态，似动物爪子，革质有光泽。较耐阴，是栽植于林下丰富景观层次的良好植物，也可栽植于室内作观赏植物。

建筑元素：**1** 围墙

植物配置：台湾栾树 + 肉桂 + 光蜡树 + 鸡蛋花 + 希美丽 + 枫香 - 白水木 + 孔雀木 - 细叶龙船花 + 金门赤楠 + 黄金五爪木 + 栀子花 + 球形福建茶 + 天堂鸟 + 杜鹃

点评：后院位于主卧房外的庭院，希望创造一个窗外南洋风情的景观，以鸡蛋花及希美丽为主景树，搭配天堂鸟、五彩千年木、变叶木和猫头鹰雕塑等，色彩丰富且多样化，搭配卵石的铺设及花岗石条的叠砌，营造出热情且令人放松的庭院景观，让屋主感受到异于前院的景观风情。

1 植物名称：希美丽
多年生常绿灌木，树冠优美。四季常青，花小色艳，可全年开花，花期长，景观效果极佳。

2 植物名称：彩虹竹芋
多年生常绿草本植物，植株较低矮，叶片为长卵形，叶表面为绿色，叶面似有斑驳花纹，叶背面为紫红色。叶色多变美丽，具有较高的观赏价值。

3 植物名称：白鹤芋
多年生常绿草本植物，叶片翠绿，花苞洁白，株形秀丽清雅，可丛植于庭院内较荫蔽的环境和林下，也可作为盆栽放于室内美化环境、净化空气。

4 植物名称：长红木
为桃金娘科蒲桃属的植物，在台湾地区较常使用，其树冠广阔，四季常青，是具有较高观赏价值的热带果树和庭院树种。

5 植物名称：肾蕨
与山石搭配栽植效果好，可作为阴生地被植物布置在墙角、凉亭边、假山上和林下，生长迅速，易于管理。

6 植物名称：仙丹变叶木
变叶木的一个栽培变种。

7 植物名称：白水木
常绿小乔木或灌木，叶片淡绿色，叶身背白色短绒毛。树形优美，树冠宽阔，是较好的海滨景观树种。

8 植物名称：龙船花
花期较长，每年 3~12 月均可开花，花色丰富，适合栽植于庭院内或道路两旁，同时也是重要的盆栽木本花卉。

9 植物名称：五彩千年木
常绿小乔木，树形直立，主干较低，叶片狭窄细长，叶色较为丰富，有红色、黄色、绿色等混合色。独特的外形和斑斓美丽的色彩，栽植在绿色植物丛中比较醒目和亮眼，是丰富植物群落层次和色彩的景观树种。

植物名称：朱蕉
灌木植物，其形美观，色彩艳丽独特，花淡红色，是具有较高观赏价值的观花、观叶植物。常与旅人蕉、棕竹、鹅掌柴配植，栽植于墙角的朱蕉颜色鲜艳，可以软化墙角尖锐的视觉效果。

植物名称：鸡蛋花
落叶小乔木，鸡蛋花适合栽植于庭院和草坪，光秃、自然弯曲的树干以及聚生于枝顶的白花也可与其他景观树搭配栽植。

植物名称：朱槿
常绿灌木，花大且色彩鲜艳美丽，花期较长，是常见的园林景观木本植物。可单植、对植、列植和群植于公园、草坪。

如春园林

设计公司：广东如春园林有限公司
项目地点：广东省广州市
项目面积：650m²

（1）建筑

建筑风格：现代

建筑特点：建筑外形上简洁大方，没有太多复杂的层次和夸张的造型；建筑色彩方面，以黑色、白色、灰色以及建筑材料原本的色彩为主，没有太多绚丽的色彩。建筑材料方面，以水泥、混凝土、钢筋、木材、石材等为主要建造材料。

（2）景观

景观风格：自然生态

景观特点：尊重本地生态环境，选择适合生长的乡土植物，实现功能性和生态性的统一；采用环保、可再生的资源材料，营造一个安全、舒适，人与自然和谐共荣的环境。

景观植物：乔木层——黄金间碧竹、山茶花、罗汉松、紫玉兰、散尾葵、狐尾椰子、鸡蛋花、小叶紫薇、黄金香柳等

灌木层——金银花、三角梅、九里香、苏铁、龙船花、米仔兰、彩纹朱蕉、花叶鹅掌柴、雪花木、红车等

地被层——佛甲草、波士顿蕨、银边山菅兰、蓝雪花、非洲凤仙、吊竹梅等

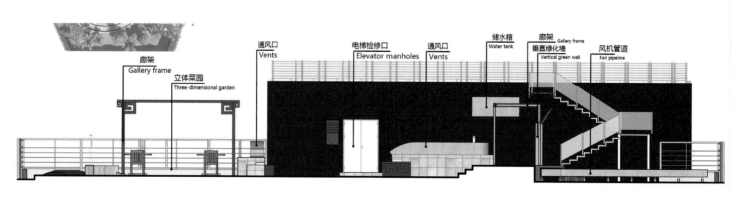

剖面图1

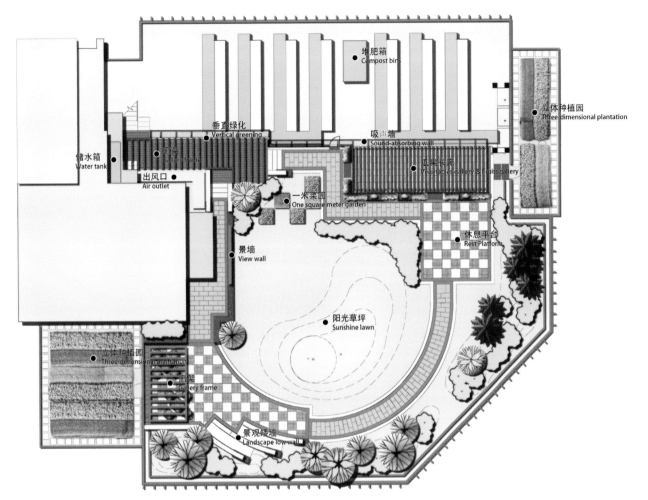

储水箱
Water tank

出风口
Air outlet

廊架
Gallery frame

垂直绿化
Vertical greening

堆肥箱
Compost bins

吸声墙
Sound-absorbing wall

瓜果长廊
Vegetables gallery & Fruits gallery

立体种植园
Three-dimensional plantation

一米菜园
One square meter garden

景墙
View wall

休息平台
Rest Platform

阳光草坪
Sunshine lawn

立体种植园
Three-dimensional plantation

廊架
Gallery frame

景观矮墙
Landscape low wall

平面图

植物配置：罗汉松 + 山茶 + 四季红山茶 + 米仔兰 + 黄金间碧竹 + 彩纹朱蕉 - 银边山菅兰 + 蓝雪花 + 非洲凤仙 - 金边吊兰 + 花叶鹅掌柴 + 吊竹梅 + 波士顿蕨 + 花叶勒杜鹃

点评：如春屋顶花园屋顶的面积为900m²，可用于景观改造的面积为650m²。屋顶花园旨在营造一个结合生态园、农园和景观园的园林空间，通过改善原有空间的基本格局，达到屋顶微型生态花园的要求。其垂直绿化是它的亮点，通过波士顿蕨、花叶鹅掌柴、金边吊兰、三角梅等多种观花观叶植物，打造绿色景墙，增加屋顶花园的绿化面积。

植物名称：罗汉松
为常见景观树种。由于其针叶形状独特，树形奇异，常用来作独赏树、盆栽树种和花坛花卉。罗汉松树形古朴风雅，常见于寺庙内，现也常用于大厅、中庭对植或孤植。与假山、湖石相配种植可以营造中式庭院风味。

植物名称：山茶
常绿乔木或灌木，中国传统的十大名花之一，品种丰富，花期2～4月，花大艳丽。树冠多姿，叶色翠绿。耐阴，配置于疏林边缘，效果极佳，亦可散植于庭院一角，格外雅致。

植物名称：金边吊兰
常绿草本植物，叶片纤细狭长，叶边缘被黄色细边，叶形清秀，中式造园中常用来装点假山等，同时也是居家观叶植物，室内净化空气，观赏价值较高。

植物名称：四季红山茶
山茶科山茶属常绿小乔木或灌木，花色红艳，四季繁华不断，即使在炎热的夏季也有花盛开，夏秋季节为盛花期。观赏价值颇高。

植物名称：米仔兰
常绿小乔木或者灌木，叶形小巧，花小洁白，且具有浓香。

植物名称：银边山菅兰
多年生草本植物，叶片秀丽，叶边缘有银白条纹，非常美丽，是美化地被的良好材料。

⑦ 植物名称：花叶鹅掌柴
是较常见的盆栽植物，也可栽植于林下，营造不同层次的园林景观。

⑧ 植物名称：吊竹梅
因其叶片似竹叶，故取名为吊竹梅。株形饱满，叶片形状似竹叶，颜色淡雅，浅绿中间夹杂着淡紫，是优良的观叶植物。因其喜半阴的特点，比较适宜栽植于没有阳光直射的墙角、假山附近，也可栽植于林下作为地被植物。

⑨ 植物名称：波士顿蕨
多年生常绿蕨类草本植物，叶形别致，叶色翠绿，是装饰花坛、窗台和营造垂直绿化效果的良好材料。

⑩ 植物名称：蓝雪花
多年生草本花卉，叶色翠绿，花色淡蓝，不管是植物整体形象还是花形花色都能够带来一种宁静、舒适的感觉。

⑪ 植物名称：三角梅
常绿攀缘灌木，又称为九重葛或毛宝巾。由于其花苞叶片大，色泽艳丽，常用于庭院绿化。

⑫ 植物名称：黄金间碧竹
又称为青丝金竹，竹竿金黄色，竹间有宽窄不一的绿色纵条纹路。可栽植于庭院、建筑物墙边等地。

⑬ 植物名称：非洲凤仙
叶色翠绿，花朵娇嫩，花色玫红色，花期较长，几乎一年四季都可开花。可以用来装饰花坛、花境。

⑭ 植物名称：彩纹朱蕉
龙舌兰科常绿观赏灌木，叶片大且叶色斑斓、色彩丰富。叶面有碧绿、粉红、淡黄等色，是观赏价值较高的绿化材料。可栽植于林下或成片栽植于草坪和岸边，可与变叶木等观叶植物搭配栽植。

植物名称：金橘
常绿灌木，花小，果实金黄，果实成熟时挂于枝头，观赏价值颇高，且有"吉祥"的寓意在其中，是很好的庭院观赏植物。

植物名称：花叶鹅掌柴
是较常见的盆栽植物，叶片斑驳似花纹。也可栽植于林下，营造不同层次的园林景观。

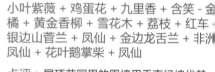

小叶紫薇 + 鸡蛋花 + 九里香 + 含笑 - 金橘 + 黄金香柳 + 雪花木 + 荔枝 + 红车 + 银边山菅兰 + 凤仙 + 金边龙舌兰 + 非洲凤仙 + 花叶鹅掌柴 + 凤仙

点评：屋顶花园里的围墙用垂直绿墙代替，空间显得不至于太空旷，并且增加了绿化面积。大面积的草坪营造出一种舒适、宁静的氛围。

植物名称：黄金香柳
落叶小乔木，树形优美，枝条颜色鲜艳且自然下垂。可栽植于河边、池畔，以及道路两旁，是优良的城市绿化树种。

植物名称：小叶紫薇
落叶小乔木，又称为痒痒树，树干光滑，用手抚摸树干，植株会有微微抖动，红花紫薇的花期是5~8月，花期较长，观赏价值高。

植物名称：含笑
香味较浓烈，适宜栽植于大空间，可丛植于花园、公园，也可配植于草坪和坡地。有小乔木状态，但多为灌木形式。

植物名称：雪花木
常绿小灌木，叶片较小呈圆卵形，绿叶上有白色斑纹，似片片雪花，可孤植、群植于草坪或林下空地，也可点缀林缘和路边。

植物名称：荔枝
亚热带常绿果树，果实红艳，食用价值和经济价值高，是非常受欢迎的亚热带水果之一。其树形高大，叶色翠绿，果实红艳，同时也具有一定的景观观赏效果，也可用于景观庭院栽植。

植物名称：鸡蛋花
落叶小乔木，也称为缅栀子。鸡蛋花因其花而闻名。花外围为乳白色，中心为淡黄色，花香浓郁，夏季盛花期，景致优美。适合栽植于庭院和草坪，光秃、自然弯曲的树干以及聚生于枝顶的白花也可与其他景观树搭配栽植。

植物名称：红车
桃金娘科常绿小乔木或灌木，其嫩叶为红色，老叶为绿色，叶片鲜艳光亮，是中国南方地区应用较广泛的彩叶树种。在景观庭院中常修剪成塔状、圆柱形或者球形等形状，可与其他树种搭配栽植，也可点缀于景石和假山造景旁。

植物名称：九里香
常绿灌木或小乔木，株形优美，枝叶秀丽，花朵小而密集，具有芳香。可以作为绿篱材料使用，也可以用来点缀花境、花带等。

植物名称：金边龙舌兰
多年生常绿草本，叶片坚挺美观、四季常青，园艺品种较多，可栽植在花坛中心、草坪一角，能增添热带氛围。

建筑植物配置 |

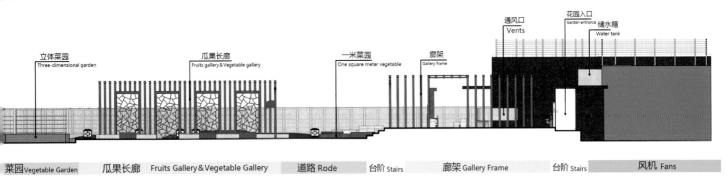

立体菜园
Three-dimensional garden

瓜果长廊
Fruits gallery & Vegetable gallery

一米菜园
One square meter vegetable

廊架
Gallery frame

通风口
Vents

花园入口
Garden entrance

储水箱
Water tank

菜园 Vegetable Garden　　瓜果长廊 Fruits Gallery & Vegetable Gallery　　道路 Rode　　台阶 Stairs　　廊架 Gallery Frame　　台阶 Stairs　　风机 Fans

剖面图 2

图书在版编目（CIP）数据

建筑植物配置. 南方篇 / 深圳市海阅通文化传播有
限公司主编. －－ 北京 ：中国建筑工业出版社，2016.8
 ISBN 978-7-112-19715-6

Ⅰ．①建… Ⅱ．①深… Ⅲ．①景观设计－研究－中国
Ⅳ．①TU986.2

中国版本图书馆CIP数据核字(2016)第199000号

责任编辑：杜一鸣 焦 阳
责任校对：陈晶晶 张 颖
美术编辑：陈秋娣
采 编：刘太春 刘 丹

编委会成员：

刘鹏辉 施红慧 张雪姣 刘太春 陈秋娣 叶凤娇 王 硕
张 勇 李箫悦 龙萍萍 刘信玲 刘 丹 王巧芬 陈 蕊
刘雅慧 李 静 李 粘 刘雅君 张智霞 刘 哲 韩俊华
梁选银 梁 平 白志稳 刘 诚

建筑植物配置 南方篇
深圳市海阅通文化传播有限公司 主编
＊
中国建筑工业出版社出版、发行 (北京西郊百万庄)
各地新华书店、建筑书店经销
深圳市海阅通文化传播有限公司制版
北京缤索印刷有限公司印刷
＊
开本：880×1230毫米 1/16 印张：9 字数：300千字
2016 年 9 月第一版 2016 年 9 月第一次印刷
定价：78.00元
ISBN 978-7-112-19715-6
 (29268)